Wirkungen langjähriger Freilage auf das Wachstum der Holzbestände

Aufforstungsergebnisse auf langjährigen Räumden, Blößen und Hutungsflächen der Sächsischen Staatsforstreviere Neudorf, Nikolsdorf und Fischbach.

*

Inaugural-Dissertation

zur

Erlangung der Doktorwürde

vorgelegt

der Forstlichen Hochschule Tharandt und der Philosophischen Fakultät Leipzig

von

Johannes Weck, cand. forest

———————◦———————

Springer-Verlag Berlin Heidelberg GmbH 1929

ISBN 978-3-662-39003-0   ISBN 978-3-662-39973-6 (eBook)
DOI 10.1007/978-3-662-39973-6

Angenommen von der mathematisch-naturwissenschaftlichen Abteilung der Philosophischen Fakultät unter Mitwirkung der Forstlichen
Hochschule zu Tharandt auf Grund der Gutachten der Herren

Rubner und Krauß.

Leipzig, den 29. Mai 1929.

Lichtenstein,

d. Z. Dekan der mathematisch-naturwissenschaftlichen Abteilung
der Philosophischen Fakultät.

Diese Arbeit erscheint gleichzeitig in der Zeitschrift für Forst- und Jagdwesen, Jahrgang 1929.

Inhaltsübersicht.

Einleitung.

Die vorliegende Arbeit wurde auf Anregung und unter Leitung des Herrn Professor Dr. Wiedemann im Sommer 1927 in Angriff genommen. Dem Institut des Herrn Prof. Dr. Wiedemann verdanke ich auch die finanzielle Unterstützung, die die Durchführung der Arbeit überhaupt ermöglichte. Die Vorbereitung zu den Außenarbeiten, das Ausfindigmachen geeigneter Reviere, die Aufstellung der Revier- und Bestandesgeschichte erfolgte Sommer 1927 und Winter 1927/28 durch Akten- und Kartenstudium im Sächsischen Forsteinrichtungsamt, dessen Material mir von Herrn Oberforstmeister Putscher und Forstmeister Kaßner stets in dankenswerter Weise bereitwilligst zur Verfügung gestellt wurde. Die Aufnahme der Probeflächen in Neudorf fand im Sommer 1927 und 1928, in Nikolsdorf Sommer 1927 und in Fischbach Frühjahr 1928 statt. Den Revierverwaltern Herrn Forstmeister Weißwange (Neudorf 1927, Fischbach 1928), Herrn Forstmeister End (Nikolsdorf) und Herrn Forstmeister Koch (Neudorf 1928) schulde ich großen Dank für weitestgehende Unterstützung und Förderung durch Beratung und Überlassung von Arbeitern.

Literatur zur Frage der Wirkung von Freilage auf Waldboden und Bestand.

(Die geklammert geführten Ziffern verweisen auf das Literaturverzeichnis am Schluß.)

Der Einfluß der Freilage auf Boden und Waldzustand ist seit langem ein viel umstrittenes Kapitel in der Waldbauwissenschaft. Unter der Einwirkung der Dauerwaldbewegung hat man

die Gefahren der Freilage stärker als je betont, und die durch
sie befürchtete „Vernichtung des Waldwesens" führte zu einer „unbe=
dingten Verurteilung jedes Kahlschlages" (31). Weiten forstlichen Kreisen
sind Möllers Lehren Grundlage ihres forstlichen Denkens und Handelns
geworden. In der sehr umfangreichen Literatur der Dauerwaldbewegung
wird der gleiche Gedanke von der Vernichtung des Waldwesens durch Frei=
liegen des Bodens immer wieder als ein Hauptargument für die Bewegung
ins Feld geführt. „Die Einführung der Ki=Kahlschlagwirtschaft als herr=
schende, bleibende Wirtschaftsform ist der verhängnisvollste forstliche Irrtum
und der größte wirtschaftliche Fehler der Forstwirtschaft des vorigen Jahr=
hunderts. — Jeder Kahlschlag bedeutet Vernichtung eines Stückes Wald=
leben und einen unverantwortlichen Raub an Bodenkraft. — Wir müssen
den Boden durch Dauerbeschirmung unter allen Umständen zu schützen und
zu bessern versuchen", erklärt Leuthold (28), und Bernhard (7)
schreibt: „Die langdauernde Bodenentblößung bedingt eine Bodenverschlech=
terung, sie gefährdet die Nachhaltigkeit des Wirtschaftsbetriebes. — Ernte
und Nachzucht auf Kahlschlägen sind zu verwerfen." Das Urteil über den
Kahlschlag wird meistens begründet mit Argumenten, die die exakt unter=
suchende Bodenkunde in die Hand gibt. Ramann (35, 36) kommt auf
Grund eingehender Untersuchung und zuverlässiger Forschung zu dem
Schluß, daß Freilage die Krümelstruktur und Lockerung des Bodens zer=
stört, die Oberfläche verdichtet und die Durchlüftung herabsetzt. Weiterhin
betont er die nachteilige Wirkung der Verwilderungsflora auf die Ent=
wicklung des Jungwuchses und unterstreicht vor allem die schädliche Wirkung
des Heidehumus. In letzterem Punkt kommen aber u. a. Bernbeck (6)
und auch Albert (2) zu anderen Ergebnissen. Bernbeck findet Heide=
humus nicht ungünstig, im Gegenteil ist auf seinen Versuchsflächen der
Humusgehalt der Hauptfaktor der Fruchtbarkeit, die Versuchsbeete sind „dort
am fruchtbarsten, wo der meiste Humus unterlagert". Es ist zu beachten,
daß Ramann keine Untersuchungen darüber angestellt oder angeführt hat,
in welchem Maße die von ihm eindeutig ermittelten Veränderungen des
Bodenzustandes sich im Bestandswachstum tatsächlich auswirken. Noch die
neuesten rein bodenkundlichen Forschungen auf diesem Gebiet kommen im
wesentlichen zu den gleichen Schlüssen wie Ramann. Burger (10)
wendet sich gleichfalls auf Grund reiner Bodenuntersuchungen gegen den
Kahlschlag, weil dieser die „Architektonik des Waldbodens" zerstört, und er
findet u. a., daß „sechs bis acht Jahre nach Kahlschlag die Luftkapazität der
oberen Bodenschichten auf Dauerwiesenniveau anlangt". Es lag auch nicht
im Rahmen der Burgerschen Arbeit zu untersuchen, welche Wirkung
diese Zerstörung der Waldbodenarchitektonik und die Verringerung der
Durchlüftung nun wirklich auf das Wachstum von Waldbeständen aus=
üben.

Gayer (16), der schon vor fünfzig Jahren die wesentlichsten Gedanken und Forderungen der Dauerwälder verfocht, kommt zur Verurteilung des Kahlschlages weniger auf Grund von Befürchtungen um die Bodenpflege, sondern aus einem sehr beachtlichen waldbaulichen Grund. Er erklärt es für unmöglich, Mischbestände auf der Kahlfläche zu erziehen und verwirft mit diesem sehr schwerwiegenden Einwand jeglichen Kahlschlag.

In diesem Zusammenhang verdient auch eine erst jüngst erschienene Arbeit des russischen Forschers Achromeike (1) Beachtung, der der Erscheinung nachging, warum vollkommen an der Sonne ausgedorrter und zerpulverter Boden erhöhte Fruchtbarkeit aufweist. Er fand u. a. eine Verringerung des PH und eine Erhöhung des Phosphorsäuregehaltes. Besonders bemerkenswert wird dieses Ergebnis dadurch, daß schon früher auch Hesselman (43) und Wiedemann zu ähnlichen Ergebnissen für Waldböden kommen. „Ein Kahlschlag hat oft den Einfluß, den PH nach der alkalischen Richtung hin zu verschieben. — Bei gewissen Humusformen ruft ein Kahlschlag eine Nitrifikation hervor." (43). Ein so vorsichtiger Forscher wie Vater (41) äußert sich zum ganzen Problem Freilage und Verwilderung sehr zurückhaltend. Mangels genügender exakter Untersuchungen erklärt er, daß in diesen Fragen „unsere Kenntnisse über den Zusammenhang der Erscheinungen völlig unbefriedigend seien." Im Bezug auf die Bedeutung der Bodenluft bekennt er sich, vor allem auf Grund von Untersuchungen Alberts (2), zu der Ansicht, daß sowohl die Bedeutung der Bodendecke für die Bodendurchlüftung, als auch die Bedeutung der Durchlüftung selbst für das Wachstum „sehr überschätzt worden" ist.

Im großen und ganzen sind aber die oft bestätigten Untersuchungsergebnisse Ramanns und seiner Schüler verallgemeinert und in die waldbaulichen Lehrbücher übernommen worden. Beck schreibt in seinem Waldbau (4): „Rückgang des Porenraums und der physiologischen Tiefgründigkeit, in Verbindung mit Verdichtung des Bodens, Verringerung des Absorptionsvermögens, Auslaugung der oberen Bodenschichten, Abschwemmung der Feinerde in die Tiefe, Verarmung in chemischer Hinsicht, Verschwinden des Humusvorrates, Unterbindung des Kreislaufes der Pflanzennährstoffe, Beeinträchtigung der Kleinlebewelt und der Zersetzung des Humus, Festlagern, Aushagern des Bodens und Aufkommen einer lästigen Gras- und Unkrautdecke sind in wechselndem Maße Folgeerscheinungen der Kahlschlagwirtschaft." Trotzdem komm er zu dem Schluß: „Es wäre verfehlt den Kahlschlag auch für jene Fälle zu verwerfen, wo er unleugbar guten Erfolg sichert. — Tatsächlich sind mittels der Kahlschlagwirtschaft auf weiten Strecken durchaus befriedigende, teilweise vortreffliche Bestände begründet worden."

Auch Dengler (13), Wiedemann (44), Wittich (45) und schon früher Martin (29) und Deike (12) kommen gerade auf Grund wald-

baulicher Erfahrungen und Erfolge, ähnlich wie B e c k , weniger auf Grund
von Bodenuntersuchungen zu dem Schluß, daß Kahlschlag auf gewissen
Standorten ein gutes, ja das „beste und rascheste Mittel" (13) zur Erreichung
eines waldbaulichen Zieles sein kann. „Auf (für Naturverjüngungserfolg)
unsicheren Böden ist von vornherein der Kahlschlag als die sicherere
Betriebsart vorzuziehen" äußert sich W i e d e m a n n , und „die Fi=
Kahlschlagwirtschaft ist grundsätzlich beizubehalten," da ihre Nachteile nicht
für alle Flächen erwiesen sind, wohl aber ihre Vorteile, schreibt D e i k e schon
1913 (12).

Es muß aber erwähnt werden, daß auch einige dieser Verteidiger des
Kahlschlages ausdrücklich betonen, daß gewisse beobachtete günstige Wirkun=
gen nur für kurze Freilage gelten, so schreibt W i e d e m a n n (43), daß die
nach Kahlschlag verstärkt einsetzende Nitrifikation bald ganz unterbunden
wird, und auch L a n g (27) referiert, daß die erhöhte biologische Tätigkeit
im Humus nur kurze Zeit anhält und nur Wert für das Wachstum eines
nachfolgenden Bestandes hat, sofern bald wieder eine Besiedlung mit Holz=
gewächsen stattfindet.

Es ergibt sich also die merkwürdige Tatsache, daß, obwohl die boden=
kundliche Forschung fast nur Ungünstiges über die Wirkung der Freilage
berichtet, sich namhafte Forscher für den Kahlschlag einsetzen, und daß ihn
die forstliche Praxis, allerdings oft genug mit innerem Widerstreben, als
häufige Betriebsform verwendet.

Die meisten Autoren, die die Kahlschlagfrage behandeln, setzen still=
schweigend voraus oder erklären ausdrücklich, daß nachteilige Wirkungen des
Kahlschlages, sofern sie überhaupt auftreten bzw. anerkannt werden, mit der
Dauer der Freilage sich steigern, daß im allgemeinen ein Bodenzustand sich
im Laufe der Freilage fortlaufend verschlechtert, daß zum mindesten eine
Wendung zum besseren nicht früher eintritt, als bis wieder ein schützender
Bestand den Boden deckt. W i e d e m a n n s und H e s s e l m a n s Hinweis
auf das Nachlassen von als Folge des Kahlschlages eingetretener gesteigerter
Nitrifikation und biologischer Tätigkeit im Humus bei längerer Dauer der
Freilage zeigt aber schon, daß eine nach kurzer Freilage erkennbare Ent=
wicklungstendenz keine Gültigkeit hat für eine lange Dauer der Entblößung.
Auffallenderweise ist aber nirgends in der Literatur erwogen worden, ob
auch Nachteile, die einer kurzen Kahllegung anhaften, bei längerer Frei=
lage sich ausgleichen oder gar ins Gegenteil verkehren können durch Auf=
treten von Momenten, die nach kurzer Freilage überhaupt noch nicht zur
Geltung oder Auswirkung kommen.

Im folgenden bringe ich einen kurzen Überblick über einen wesentlichen
Teil derjenigen Aufforstungsliteratur, die das Problem nicht ausschließlich
vom forstpolitischen Standpunkt aus behandelt. An Hand dieser Übersicht
soll dargelegt werden, zu welchen Ergebnissen die Wissenschaft bisher speziell

zur Klärung der Frage nach der Wirkung langjähriger Freilage auf das Wachstum der Holzbestände gekommen ist. v. d. B o r n e (9) berichtet 1892 über die Ödlandaufforstungen in Westpreußen. 165 000 ha stehen in der Kaſſubei zur Aufforstung, eine trostlose Fläche, teils vegetationslos, teils verheidet. v. d. B o r n e empfiehlt die Aufforstung mit dem Hinweis, daß die benachbarten 18 Oberförstereien der Tucheler Heide Ödflächen gleicher Art gewesen seien und heute „umfänglich und sehr wertvolle Bestände" enthalten. Q u a e t = Faslem (34) schreibt, daß von den Aufforstungen der Hannoverschen Provinzialforstverwaltung in der Lüneburger Heide nur 1% der sonst gut entwickelten Kulturen und Bestände „weniger gut ist". Auf gute Erfolge weist auch G r e b e (19) hin und schildert auf Devonschiefer aufgeforstete Fi=Bestände im Westfälischen Bergland als „im allgemeinen vorzüglich", mit „raschen und nachhaltigen" Wuchsleistungen. Ein Haupt= verhandlungsgegenstand der 16. Versammlung deutscher Forstmänner zu Aachen 1887 war: Aufforstung von Ödländereien im Bergland (5). Aus dem Bericht kann man entnehmen, daß Aufforstungen in der Eifel große Schwierigkeiten geboten haben, nur Fi gedeiht freudig. Auf ähnlichen geologischen Untergrund wurden dagegen in den Vogesen ausgedehnte Ödflächen leicht und mit bestem Erfolg durch Fi, Ta, Bu, Esch, Ah, Lä in Bestand gebracht. Als sehr einleuchtende Erklärung wird angegeben, daß die Streunutzung und das Plaggenhauen auf Ödflächen im Gegensatz zur Eifel in den Vogesen unbekannt ist. Desgleichen berichtet K ö h l e r (26), daß auf plaggengenutzten Ödflächen der Lüneburger Heide, die einst mit Ei=Bu= Beständen bestockt waren, nicht einmal Ki aufzuforsten ist. B o r g m a n n (8) und E m e i s (14) machen dagegen übereinstimmend Ortstein, Frost= und Windwirkung für die Schwierigkeiten der Ödlandaufforstung in Schles= wig=Holstein verantwortlich; Fi gedeiht auch hier noch sehr gut.

Alle Berichte lauten aber übereinstimmend, wenn es sich um Auf= forstung von Kalkgebieten handelt, Aufforstungen auf Muschelkalkbergen (21), auf Jurakalk der Schwäbischen·Alb (32), auf Kalkböden Westfalens (19) und die Karstaufforstung (22) haben mit unendlichen Schwierigkeiten zu kämpfen, die Mißerfolge sind in der Regel vollkommen. H o l l berichtet von häufiger, wiederholter 100% Nachbesserung der Karstkulturen. Auf Jurakalk soll sich nach M o o s m a y e r nur mühsam und kümmerlich Esch, Lä, und Schwarzkiefer halten, letztere ist überhaupt für Aufforstung von Kalködflächen oft letzte Retterin. ·G r e b e betont besonders, daß Miß= erfolge auf Kalk trotz günstig, gesund und locker erscheinenden Bodens auf= treten. Als Grund für die Mißerfolge auf Kalkböden glaubt v o n H o l = l e b e n gefunden zu haben schnellere Verdunstung bei eintretender Verödung.

In einer Folge überaus interessanter Arbeiten behandelt A l b e r t (2) die Heideaufforstungen im Lüneburgischen vom Standpunkt des Boden= kundlers aus. Er kommt dabei zu einer Fülle sehr beachtlicher Resultate.

„Selbst eine Jahrhunderte hindurch herrschende Heidevegetation muß durchaus nicht etwa eine Auslaugung der oberen Bodenschichten oder gar Ort-
steinbildung zur Folge haben." Er erklärt Ortstein überhaupt in der Regel
als „Folge der Waldbestockung". Die verheideten Böden gern nachgesagte
geringere Durchlüftung und oberflächliche Verdichtung entspricht nicht den
Tatsachen, oberflächliche Verdichtung ist dagegen Folge von Aufforstung
oder Streunutzung der Heideödflächen. In Übereinstimmung mit Bernbeck schildert Albert auch den Heidehumus als mullartig, mit günstigem
biologischen, chemischen Verhalten; er weißt auf die abnorm gesteigerten
Schwierigkeiten hin, wenn aufzuforstende Flächen streugenutzt und damit
humusarm sind. Der günstige Einfluß einer dauernden Bedeckung des
Bodens auf dessen biologisches Verhalten zeigt sich deutlich nur bei dem
Peptonspaltungsvermögen, hingegen tritt der Waldboden hinsichtlich seines
Vergärungsvermögens für Kohlehydrate eher etwas gegen die übrigen
Versuchsböden zurück. Dagegen findet Albert in den Aufforstungsflächen
gegenüber den Waldbodenflächen eine geringere Durchwurzelungstiefe, Ki
hat keine Senkerwurzeln, sondern nur oberflächlich streichende Seiten-
wurzeln. Auf die dadurch bedingte Gefährdung in Dürrezeiten führt
Albert das frühe Verlichten der Aufforstungsbestände zurück, im Gegensatz zu Zimmermann (46), der als einzige Ursache für diese Verlichtung
einen katastrophal gesteigerten Trametes-Befall anerkennt. Dem gegenüber
betont Gräbner (18) ausdrücklich, daß Trametes-Befall in Aufforstungsbeständen der Lüneburger Heide nicht stärker als in Waldbodenbeständen
zu finden sei.

Insgesamt kommt Albert aber zu dem Schluß, daß die Heideauffor-
stungsbestände geringere Wuchsleistungen zeigen, als man nach dem sorgfältig
geprüften physikalischen, chemischen und biologischen Bodenzustand erwarten
sollte. In einigen Punkten stimmt Albert mit Erdmann (15) über-
ein, so in der Ortsteinfrage. Erdmann, der sich ja auch ganz anderen
Verhältnissen gegenübersah als Albert in der Lüneburger Heide,
hält aber an der hergebrachten Meinung von der geringeren Durchlüftung der Heideböden fest und erklärt alle verheideten Böden
für schwer erkrankt. Weiterhin empfiehlt er ganz im Gegensatz zu
Albert die Beseitigung des Heidehumus vor der Kultivierung,
den er für absolut schädlich hält. Doch erkennt auch Erdmann wie
Albert und auch schon 1782 Gleditsch (17), daß unter der gleich-
förmigen Heidedecke Böden von verschiedenstem Wert und Beschaffenheit zu
finden sind, daß auch gute und reiche Böden bei geeignetem Klima ver-
heiden können. Gleditsch schildert anschaulich, wie in aufgeforsteten
Heidebeständen bei eintretendem Schluß die Gleichförmigkeit der Bodendecke verschwindet, und die den tatsächlichen Bodenverhältnissen ent-
sprechende Bodenflora auftritt.

Als Ergebnis der bisherigen Forschung ist nach Kenntnisnahme der mir bekannten Aufforstungsliteratur folgendes zu buchen: Die Fruchtbarkeit von Kalkböden wird durch lange Freilage stets aufs schwerste geschädigt. Aufforstungsmißerfolge auf anderen Böden lassen sich in vielen Fällen auf Streunutzung und Plaggenhauen während der Freilage zurückführen. Es ist nach allem überhaupt zu vermuten, daß mancher Schaden, den man als Freilagefolge ansieht, ganz oder zum größten Teil Folge intensiver Streunutzung auf der Ödfläche ist. Im übrigen werden von vielen Orten gute und vorzügliche Aufforstungserfolge mit den verschiedensten Holzarten berichtet. Ziemlich oft wird ein freudiges Gedeihen der Fichte auch von den Aufforstungsflächen gemeldet, die sich für andere Holzarten als ungeeignet erwiesen. Die Angaben über Wirkung und Bedeutung des Humus der Verwilderungsflora, der Durchwurzelungstiefe und anderer Momente als Freilagefolgen, sind sehr spärlich und widersprechend und gründen sich oft nur auf Vermutungen.

Ich habe keine Arbeit gefunden, die das Problem „Freilagewirkung" durch Messung tatsächlicher Wuchsleistungen zu klären versucht hat. Die Gründe dafür sehe ich darin, daß meist nur sehr ausgedehnte, zusammenhängende Ödländereien ohne Vergleichsbestände in unmitelbarer Nähe behandelt wurden, und daß weiterhin außerhalb Sachsens vor hundert Jahren eine so genaue forstliche Kartierung und Buchung meist noch fehlte, die absolut eindeutig auch kleinere Blößeflächen, die heute Althölzer tragen, nach Art und Umfang festlegte und dabei eine genaue Kenntnis von Vorbestand und Geschichte der Waldbodenvergleichsbestände vermittelt.

Methoden.

Rein bodenkundliche Untersuchungen des Problems der Freilagewirkung vermögen offenbar vorläufig keine vollbefriedigende Lösung zu bringen. Vorliegende Arbeit will die Frage klären, durch die Untersuchung der Wirkung langjähriger Freilage auf das Wachstum nachfolgender Bestände. Bodenuntersuchungen sind erst in zweiter Linie herangezogen worden. Sie sollen lediglich zeigen, ob auffällige Veränderungen im Boden mit erkennbaren Wirkungen auf das Bestandswachstum parallel gehen.

Will man Aufforstungsergebnisse der Klärung dieser Frage nutzbar machen, so besteht die Hauptschwierigkeit bei der Auswertung darin, die Wirkung der von Natur gegebenen Standortsfaktoren von der Wirkung der Bewirtschaftung eindeutig zu trennen. Dieser Schwierigkeit wurde durch folgende Maßnahmen zu begegnen versucht: 1. Zur Untersuchung wurden nur solche Reviere herangezogen, die a) große Flächen langjähriger Räumden und Blößen möglichst gleichmäßig verteilt über das ganze Revier aufzuweisen hatten, und die b) auf den meisten dieser Flächen heute noch in erster Generation mit Althölzern bestockt sind, so daß Grundflächenmittelhöhe

und Stammgrundfläche in Brusthöhe pro Hektar ermittelt werden kann.
2. Auf den gewählten Revieren wurden Untersuchungen grundsätzlich in
sämtlichen in Betracht kommenden Orten vorgenommen. 3. Zum Vergleich
herangezogene Waldbodenvergleichsflächen mußten unbedingt folgenden
Ansprüchen genügen: a) Exposition, Inklination, Geländeausformung und
Bodenverhältnisse müssen die gleichen wie bei der untersuchten Aufforstungs=
fläche sein. b) Lage möglichst unmittelbar neben der untersuchten Auf=
forstungsfläche. c) Der Vorbestand muß einwandfrei als möglichst gut ge=
schlossenes Altholz nachzuweisen sein. 4. Die Akten hierüber müssen in
genügender Vollständigkeit vorhanden sein. Alle auffindbaren Akten wurden
zur Klärung der Revier= und Bestandsgeschichte herangezogen.

Die wesentliche Voraussetzung für die Durchführung der Untersuchung
ist die seit Cottas Wirken in Sachsen durchgeführte genaue forstliche
Buchführung und Kartierung. Bis 1831 waren auf den meisten Sächsischen
Staatsforstrevieren Spezialkarten im Maßstab 1 : 4853$^1/_3$ aufgenommen
worden. Gleichzeitig hat aber die 1830 vorgenommene Einteilung des
Reviers noch heute in den meisten Revieren volle Geltung. So ist es mög=
lich, die Lage und die Grenzen der alten Räumden und Blößenflächen und
der alten Bestände vollkommen genau heute im Gelände wieder zu finden.

In der Regel wurde pro Unterabteilung eine Probefläche aufgenommen. Obwohl
die in Sachsen übliche weitgehende Bestandesausscheidung — Abteilungen mit über
20 Unterabteilungen von einer Größe bis unter 20 ar kommen vor — schon eine gewisse
Gewähr für die Gleichwertigkeit und Gleichmäßigkeit innerhalb des Bestandes bietet,
nahm ich in größeren Unterabteilungen, deren Gleichmäßigkeit nicht ohne weiteres zu
übersehen war, mitunter mehrere Probeflächen auf, stets dann, wenn sich ergab,
daß die Unterabteilung keine bestandsgeschichtliche Einheit bildete.

Die Aufnahme der Probeflächen, deren Größe ermittelt und so gewählt ist, daß
100 bis 200 Stämme, in Mischbeständen bis 250 Stämme auf ihr stocken, ging wie folgt
vor sich: Alle Stämme werden in Brusthöhe über Kreuz kluppiert. Bei 15—20% der
Stämme erfolgt dazu noch Höhenmessung. Aus dem Kluppmanual errechnet sich der
Durchmesser des Kreisflächenmittelstammes, und seine Höhe wird graphisch ermittelt.
Die nach Höhe und Durchmesser bekannten Stämme werden in ein Koordinatensystem
eingezeichnet, auf dessen Abszisse die Durchmesser in cm und auf dessen Ordinate die
Höhen in m aufgetragen sind. Durch die eingetragenen Punkte ist die Kurve bestimmt,
die die mittleren Höhen der Durchmesserklassen im untersuchten Bestand verbindet.
Bei wenig regelmäßiger Anordnung der Einzelpunkte werden die Kurvenpunkte als
Schwerpunkte von Einzelpunktgruppen ermittelt. Die richtige Lage der Kurve wird
dann noch dadurch geprüft, daß man die Summe der Plusabweichungen gegen die
Summe der Minusabweichungen abwägt. Die Differenz der Summen muß etwa 0 sein.
Die Höhe des Kreisflächenmittelstammes wird aus der Kurve direkt abgelesen. Die
Bonität wird ermittelt als Funktion von wirklichem Bestandesalter und gefundener
Höhe des Kreisflächenmittelstammes nach den Schwappachschen Normalertragstafeln
für Ki von 1908, für Fi von 1902. Aus den Messungsgrundlagen läßt sich noch er=
rechnen 1. Stammgrundfläche in Brusthöhe pro Hektar und 2. Stammzahl pro Hektar.

In den meisten Probeflächen wurden Grundflächenmittelstämme zur Analyse ge=
fällt, mindestens zwei von jeder Holzart. Die in 1,30 m Höhe entnommenen Stamm=

scheiben bilden Grundlage von Kreisflächenzuwachsermittelungen. Der Höhenwachs=
tumsgang ergab sich durch Messen der Höhentriebe von Astquirl zu Astquirl, wo dies
nicht genau möglich war, durch Zerlegen des Stammes in Sektionen von 2 m, 1 m,
oder 0,5 m Länge und Zählen der Jahresringe. Diese Messungen erlauben die gra=
phische Darstellung des Höhenwachstumsganges und des periodischen Höhenzuwachses.
Es wurden im ganzen 84 Kreisflächenmittelstämme analysiert.

Zu den Bodeneinschlägen ist folgendes zu bemerken. Einschläge wurden in allen
Probeflächen gemacht, und zwar pro Fläche mindestens zwei, meist mehr (bis 12) in
1,5 bis 2 m Entfernung von einem Stamm, stets auch neben den gefällten Probe=
stämmen. Die Tiefe der Einschläge richtete sich nach der Durchwurzelungstiefe, auf
deren Erfassung ich großen Wert legte. Der Boden wird in den einzelnen Horizonten
nach Aussehen und Durchwurzelung beschrieben.

Gang der Darstellung.

Jedes Revier wird für sich behandelt. Nach allgemeinen Angaben über
Geschichte, Klima und allgemein geologisch=bodenkundliche Verhältnisse des
Reviers folgen die untersuchten Einzelbestände und zwar gruppiert nach
standörtlichen Eigenschaften. Aus der Bestandsgeschichte werden nur alle
wesentlichen Daten, insbesondere Zeit und Art der Bestandsgründung,
Angaben über evtl. Meliorationen und Ausbesserungen angegeben.

Die floristische Beschreibung verzichtet auf Einzelheiten und versucht
nur das Bild vom Formationscharakter der Bodendecke zu vermitteln.

Der Beschreibung des Bodens liegen stets die einzeln aufgenommenen
und getrennt geführten Protokolle für die Einzeleinschläge zugrunde.

Die Zusammenstellung der Ergebnisse wird getrennt für die einzelnen
Reviere, die Auswertung erst unter Zugrundelegung und Verwendung aller
Einzelergebnisse am Schluß der Arbeit vorgenommen.

Neudorf.

I. Aus der Reviergeschichte.

(Ein mehrfach ergänzter Auszug aus der gelegentlich der Taxationsrevision 1923 in
den Akten niedergelegten „Bestandsgeschichte des Neudorfer Reviers" von Wiedemann.)

Bereits 1591 ist das Waldbild um den Fichtelberg herum vom
Menschen stark verändert. Die Urbestockung dürfte aber auch hier sehr ähnlich
gewesen sein, wie in Gebieten des Erzgebirges, die 1591 noch urwald=
mäßigen Charakter trugen: Weite Urwälder von „groben" Ta, Fi, Bu, viel=
fach gemischt mit einzelnen Bergahornen, Ulmen und Leinbäumen (Spitz=
ahorn).

Seit dem Eindringen des Bergbaus um 1450 hat sich unser Gebiet
durch reichliche Holzentnahme stark verändert: Schacht= und Grubenhölzer
für die Bergwerke, Holzkohle, vor allem Buchenkohle für Hammerwerke und
Schmelzhütten, dazu große Mengen von Floßhölzern für die Städte be=

sonders Annaberg und Chemnitz. In den sechsunddreißig Bestandsbeschrei=
bungen von 1591 wird die Fi sechsunddreißigmal, die Ta achtundzwanzig=
mal, alte Bu nur zweimal erwähnt, junge Buche dagegen zwölfmal, was mit
Recht vermuten läßt, daß die alten Bu schon an vielen Orten vollkommen
herausgeplentert worden waren. Häufig wird schon über Abnahme der Holz=
vorräte geklagt: große Kahlschläge und sehr lichte Samenschläge griffen
bedenklich in die reichen Vorräte ein, doch schützt eine überall sich reichlich
einstellende natürliche Verjüngung vor Entstehung großflächiger, lang=
jähriger Blößen.

Seit 1550 beginnt man durch Errichten von Forstämtern und Erlaß
von Forstordnungen für die Erhaltung des Waldes zu sorgen, so schreibt man
z. B. das Stehenlassen von 140 Samenbäumen pro Hektar vor.

Alle Ansätze zu einer geordneten Wirtschaft werden durch die Wirren
des 30 jährigen Krieges wieder zerstört. Rücksichtslose Schläge, Holzdieb=
stahl, Harzen und Pechen, Gras= und Streunutzung und Viehweide bringen
gemeinsam die Verwüstungen zustande, von denen die Kommissionsberichte
über die Mißstände 1667 bis 1700 ein erschütterndes Bild geben.

Die Beschreibung 1724 zeigt schon ein völliges Zurückgehen der Laub=
hölzer und der Tanne und weiterhin ein starkes Anwachsen der Blößen
und lückigen Jungwuchsbestände. Die Umgebung des Siebensäuremoors
(Abt. 17, 18, 23, 24, 48, 49, 45) ist blößig und zur Hutung freigegeben.

Das 18. Jahrhundert brachte dem Wald keine Erholung, vielmehr durch
die Nöte des 7 jährigen Krieges ein weiteres Anwachsen des Holz= und
Streudiebstahls und Verstärkung der Hutung.

Den Einfluß dieser mehrhundertjährigen Leidenszeit zeigen die Be=
schreibungen von 1831. Die Bestockung war fast ausschließlich reine Fi
geworden. Obwohl dank C o t t a s Eingreifen schon 15 Jahre lang sparsam
gewirtschaftet worden war, hatte das Revier Neudorf damals nur 34 %
über 40 jährige Orte, davon nur 6 % über 80 jährige und 13 % = 182 ha
Räumden und Blößen. Die Zahl der versumpften Räumden betrug im
Hauptrevier 5 % des Holzbodens = 70 ha, im Cranzahler Wald sogar
9 % = 90 ha. Im nächsten Jahrzehnt schon werden sie zum allergrößten
Teil aufgeforstet. Sie sind heute weit überwiegend mit sehr guten Fi=Alt=
hölzern bestockt. Die Kulturausführung war sowohl auf Aufforstungsflächen
als auch auf Schlägen primitive Akkordpflanzung. Die Kosten dafür be=
trugen im Durchschnitt des Reviers von 1832 bis 1843 57,3 RM. pro
Hektar bei 91,3 Erfolgsprozent. Für Entwässerungen wurden Ausgaben
nicht gescheut. Der Aufwand ging bis zum dreifachen der normalen
Kulturkosten.

1858 wurde der Bärenstein als Blöße angekauft und in den nächsten
Jahren durch Plätzesaat von Fi und Lä angebaut. Lä ist verschwunden, die

Fi haben sich hingegen trotz der exponierten Lage und der sehr primitiven Kulturausführung recht gut und geschlossen entwickelt.

Wie aus der Geschichte fast aller sächsischen Reviere, so ergibt sich auch aus den Neudorfer Akten, daß der Höhepunkt der Waldverwüstung um 1820, kurz vor dem Wirken Cottas erreicht wird. Diese Feststellung ist nicht unwesentlich für die Beurteilung des Wertes der Waldbodenvergleichsflächen, von denen man doch vermuten könnte, daß sie ein oder zwei Jahrhunderte früher gleichfalls einmal eine längere Freilage überstanden haben. Da nirgends in den allerdings wenig zahlreichen und ausführlichen Aktenstücken aus der Zeit vor 1830 über Aufforstungen berichtet wird, ein derartiges kostspieliges Unternehmen in jener Zeit sehr unwahrscheinlich ist und eben der Höhepunkt der Waldverwüstung erst um 1820 erreicht wird, kann man mit einem sehr hohen Grad von Wahrscheinlichkeit annehmen, daß die 1830 mit Althölzern bestockten Flächen in den vorhergehenden Jahrhunderten von längerer Freilage verschont blieben. Rund die Hälfte der 1830 vorhandenen Räumden und Blößenflächen wird als versumpft geschildert. Offenbar ist hier wegen des üppigen Graswuchses die natürliche Bestandsneubildung erschwert worden. Anderseits waren diese Graswüsten als Hutungsflächen besonders geeignet. So nur kann man es sich erklären, daß z. B. für den großen Komplex um die Siebensäure eine ununterbrochene Freilage von über 100 Jahren nachzuweisen ist.

II. Das Klima des Reviers.

Durch das schützend vorgelagerte Fichtelberg-Eisenbergmassiv ist das Klima des Reviers Neudorf etwas milder, als in anderen Erzgebirgslagen von gleicher absoluter Höhenstufe (650—950 m). Es hat nirgends reine Kammlagen aufzuweisen. Die zahlreichen feuchten Mulden sind aber sehr gefährliche Frostlagen. Neudorf liegt zwischen Crottendorf und Oberwiesenthal, deren klimatische Verhältnisse aus folgender Tabelle zu ersehen sind:

Station	Meereshöhe m	Niederschlag in mm pro Jahr	Mai/Aug	mittl. Jahrestemp.	mittlere Dampfspannung
Crottendorf	680	930	393	—	—
Oberwiesenthal	922	1070	414	+4,4°	5,6

Diese Werte sind Mittel aus Beobachtungen der Jahre 1891—1900.

Nach Wiedemann kann man für Neudorf selbst annehmen: mittlere Jahrestemperatur 4,5 bis 5°; mittlerer Jahresniederschlag 900 bis 1000 mm; Niederschlag von Mai-August 400 mm. Das Klima ist für alle deutschen Gebirgsholzarten geeignet. Ulme und beide Ahornarten kommen als Straßenbäume vor.

III. Allgemein geologisch-bodenkundliche Verhältnisse des Reviers.

Der Hauptteil des Reviers hat Gneis und Glimmerschiefer von wechselnder lokaler Zusammensetzung und Struktur als geologischen Untergrund. Der Bärenstein und zwei kleine Kuppen in Abteilung 16 und 53 sind basaltische Quellkuppen (Nephelinit). Wesentlicher nach Ausdehnung und forstlicher Bedeutung sind die häufigen Hangmoore, die auch an mehreren Stellen abbauwürdige Mächtigkeit annehmen (Siebensäure, Erlheide). 165 ha des Hauptreviers und 93 ha des Cranzahler Waldes, zusammen 258 ha gehören zu diesen Moorflächen, ungerechnet die weit umfangreicheren „anmoorigen" Revierteile.

IV. Die untersuchten Bestände.

Für die Zuteilung der Probeflächen zu Flächengruppen sind die Ergebnisse der Bodenprofilaufnahmen maßgebend. Die Trennung der vernaßten Böden von den nicht vernaßten ist leicht einzusehen. Im Bodenprofil unterscheiden sich beide Gruppen sehr deutlich. Einfaches äußeres Kennzeichen ist Fehlen oder Vorhandensein von Entwässerungsgräben. Um Moorböden und anmoorige Böden eindeutig zu trennen, wird als Grenze eine Stärke der Humusauflage von 30 cm gewählt. Diese Grenze ist nicht willkürlich; bei stärkerer Humusauflage wurzelt die Fi ausschließlich im Humus, während bei geringerer Auflage wenigstens noch die obere humose Zone des Mineralbodens durchwurzelt ist. Gedeih und Verderb des Bestandes ist so zwar wesentlich, aber nicht ausschließlich von den Verhältnissen im Auflagehumus abhängig. Übergänge sind seltener als man erwarten sollte und treten nur in drei Probeflächen auf. Diese sind überall mit unter der Rubrik „anmoorige Böden" aufgeführt. Etwas verschwommen sind die Grenzen zu der Gruppe der „Böden mit Staunässe". Alle Übergangspartien, die schon erkennbar unter Staunässe leiden, werden mit unter dieser Gruppe aufgeführt.

Die Wachstumsanalysen zeigen recht klar, daß die gewählte Einteilung natürlichen Wuchsbedingungen entspricht.

A. Böden mit Entwässerungsgräben:

unter Altholzbestand frisch bis feucht, in Freilage vernaßt.

a) das Wasser stagniert nicht.

1. anmoorige Böden: Humusschicht weniger als 30 cm mächtig.

Das Bodenprofil zeigt eine 2—5 (8) cm starke Schicht von Nadelstreu, die auf einer 10—30 cm starken Humusschicht lagert. Diese ist normalerweise von torfigem, bröckelbarem Charakter, schwarzer, sehr selten bräunlicher Farbe und weist stets frischen, gesunden Geruch auf. Zwischen dieser

Schicht und der unteren humifizierten Zone der Nadelstreu lagert in der Regel in den Aufforstungsflächen und zwar nur in diesen, eine lockere, krümelige Grashumusschicht, oft an noch nicht restlos humifizierten Grasresten als solche zu erkennen. Diese Schicht wird von Fi stets üppig durchwurzelt. Nicht selten durchsetzen diesen Grashumus oder ersetzen ihn mitunter ganz linsenförmige Lager von vollkommen unzersetztem Sphagnum, die von den Fichtenwurzeln ganz gemieden werden. Solche Sphagnumlinsen sind selbst in den besten Beständen zu finden (Abt. 48 u. 100).

Der Mineralboden ist lehmiger Sand, mitunter reichlich steinhaltig und in der oberen Zone mehr oder weniger humos, letzteres besonders ausgeprägt in Aufforstungsflächen. Die zentralen Partien der anmoorigen Komplexe weisen molkenbodenähnlichen Charakter auf mit bis 50 cm starken Grausandschichten und Streifen und Linsen von Fe-Anreicherung (Abt. 17 u. 18). In den Randzonen ist Gliederung in braune und graue Horizonte mehr oder weniger ausgeprägt.

Die Durchwurzelung ist in den Aufforstungsflächen in der Regel deutlich weniger tief als in den Waldflächen. Tief dringende Humusstränge, Reste verrotteter Wurzeln, zeigen, daß auch in den Aufforstungsflächen frühere Generationen Wald tieferen Wurzelraum inne hatten.

Abt. 14 f; A u f f o r s t u n g s f l ä c h e. Muskowitgneis, steiler Osthang.

Bestandsgeschichte 1831: Abt. 14f; 4,8 ha. „Versumpfte Räumde mit 40—60jährigen schlechten Fi, meist mit Moos und Heidelbeersträuchern, auf den nassen Stellen aber mit saurem Gras und Binsen bewachsen."

1848 ergibt der Abtrieb der Räumde 26,4 fm pro Hektar; 1850 wird sie durch Fi-Pflanzung im Akkord in Bestand gebracht und 1853 werden 2,2 ha mit Fi nachgebessert.

Schätzung der Revision 1923: 540 fm * pro Hektar; Schluß 0,75; Bestandsmittelhöhe 25 m = 1,4. Bonität nach S c h w a p p a ch 1890.

Die 1927 aufgenommene Probefläche: Größe 12,7 a. Hoher, wüchsiger, wenig durchbrochener Fi-Bestand. Bodenflora: Oxalis, Farne, bei Lichtung Calamagrostis und etwas Aira flexuosa. — Alter des Bestandes (A) 77 Jahre; Stammzahl pro Hektar (n) 790; Stammgrundfläche pro Hektar (G) 64,6 qm; Kreisflächenmittelstamm (MSt.) h=28,3 m, d = 32,3 cm; Bonität nach Schw. 0,2 : 1,1.

Abt. 14 b; W a l d b o d e n v e r g l e i c h s f l ä c h e zu 14 f. Muskowitgneis, steiler Osthang.

Bestandesgeschichte 1831: Abt. 14 b; 55—80 jähriger Fi-Bestand, meist gut, Schluß des Holzes sehr gut.

1853 wird der Bestand durch Windbruch und Borkenkäferbefall geschädigt, 1853—1862 werden durch Bruch und Durchforstung 92 fm pro Hektar entnommen, 1863—67 geht der Kahlschlag über die ganze Unterabteilung hinweg und ergibt noch 145 fm pro

---

* Gemeint sind stets Erntefestmeter, mit Schlagergebnissen direkt vergleichbar.

Hektar, 1864—68 erfolgt wieder Inbestandbringung durch Fi=Pflanzung im Akkord, 1883 leidet der Bestand unter Frost und Chermes abietis.

Revis. 23: 330 fm; Schl. 0,8; h=25 m; 1,5. Bt.

Probefläche: Größe 15,56 ar. Wüchsiges, junges Fi=Baumholz, teilweise lückiger Schluß. Bodenflora: In der Bestandslücke Myrtillus mit Calamagrostis Hal., Hypnum Schreberi, Polytrichum, Dicranum, einzeln Aspidium spinulosum, oft Oxalis.   A=60; n=640; G=30,33; MSt. h=19,5 m, d=24,5 cm; Bt. 2,3.

Abt. 17 a. Aufforstungsfläche. Muskowitgneis mit Horn= blendeblöcken, schwach geneigter NO=Hang.

Bestandsgeschichte 1831: Abt. 17 a; 3,74 ha. „Versumpfte Räumde mit 20—40—60= jährigen Fi. Mit saurem Gras und Binsen bewachsen. Ist baldigst von den geringen Fichten zu räumen, zu entwässern und mit Nadelholz in Bestand zu bringen."

1833 ergibt der Abtrieb der Räumde 45,5 fm pro Hektar, im gleichen Jahre erfolgt die Entwässerung. 1838—42 wird die Fläche vollständig durch Fi=Pflanzung im Akkord in Bestand gebracht, 1852 erfolgen geringe Nachbesserungen.

Revis. 23: 560 fm; Schl. 0,5—0,9; h=28 m; 1,2. Bt.

Probefläche: Größe 18,9 ar. Wüchsiges Fi=Altholz, Schluß durch= brochen. Bodenflora: Im Bestand Oxalis, Aspidium spinulosum und filix femina, stellenweise Binsen, Aira flexuosa und Myrtillus. In Bestands= lücken Agrostis, Rubus, Senecio Fuchsii, mitunter Calamagrostis Hal.; überall reichlich Fi=Anflug von 1924.

A=87; n=530; G=41,7 qm; M St. h=25,8 m, d=31,7 cm; Bt.:2,2. Anmerkung: 2 Analysenstämme sind von Trametes befallen und rotfaul, der Trametesbefall ist in diesem Bestand ziemlich stark.

Abt. 18 c. Aufforstungsfläche. Muskowitgneis mit Horn= blendeblöcken, geneigter NO=Hang.

Bestandsgeschichte 1831: 18 d; 7,3 ha.   „Verwilderte und versumpfte Räumde mit 20—60 jährigen geringen, struppigen Fi."

1840 wird der Bestand mit Fi im Akkord angebaut.

Revis. 23: 640 fm; Schl. 0,7; h=28 m; 1,2. Bt.

1927: Floristik, Bestand, Boden wie 17 a, mit dem es eine Flächen= einheit bildet. Kreisflächenmittelstamm h=26,5 m = 2,1. Bt.

Abt. 23 a. Aufforstungsfläche, Geologie, Exposition, Inkli= nation wie 17 a und 18 c, mit denen 23 a eine Flächeneinheit bildet.

Bestandsgeschichte 1831: 23 d und h; 7,68 ha. „Verwilderte und versumpfte Räumde mit 20—80 jährigen geringen, struppigen Fi."

1838—42 wird der Bestand im Akkord mit Fi=Pflanzen angebaut.

Revis. 23: 640 fm; Schl. 0,8; h=27 m; 1,6 Bt.

Probefläche: Größe 19,8 ar. Meist gut geschlossenes, wüchsiges Fi= Altholz. Bodenflora wie 17 a, in den Bodeneinschlägen sind Reste einer Grashumusschicht zu erkennen, sonst wie 17 a. A=87; n=429; G=39,4 qm; MSt. h=29,4 m; d=34,2 cm; 1,4. Bt.

Abt. 48 d. Aufforstungsfläche, Muskowitgneis mit Horn= blendeblöcken, stark geneigter NNW=Hang.

Bestandsgeschichte 1831: 48 d; 5,21 ha. „Teils naffe, teils auch verfumpfte Blöße; mit faurem Gras und Binfen bewachfen; ist baldigst abzutreiben, zu entwäffern und mit Nadelholz zu kultivieren."

1832—38 wird die Blöße mit Fi=Pflanzung in Bestand gebracht, 1843 erfolgen geringe Nachbesferungen.

Revif. 23: 550 fm; Schl. 0,9; h=30 m; über erste Bonität.

Probefläche: Größe 29,12 ar. Sehr hohes und starkes Fi=Altholz; Schluß oft durchbrochen. Bodenflora: Herrfchend Aira flexuosa und Calamagrostis Hal. mit fehr viel Oxalis; dazu einzeln Myrtillus, Rubus, Senecio, Aspidium spinulosum und filix femina, beide Phegoteris-Arten. A=90—92; n=385; G=45,2 qm; M St. h=35 m, d=38,7 cm über 1 Bt.

Abt. 24 d, Waldbodenvergleichsfläche zu 48 d. Muskowitgneis mit Hornblendeblöcken, geneigter N=Hang.

Bestandsgeschichte 1831: „65—75 jähriger Fi=Bestand mit einzelnen 75—90 jährigen Fi, fehr gute und langfchäftige Stämme, Schluß gut. Schwach mit Moos bewachfen und meist mit Nadeln bedeckt. Im erften Jahrzehnt abzutreiben und mit Nadelholz zu kultivieren.

1843 ergibt Kahlfchlag 272 fm pro Hektar. 1844 wird die Schlagfläche mit Fi im Akkord in Bestand gebracht, 1849 find 33% der Kultur mit Fi nachgebesfert worden.

Revif. 23: 570 fm; Schl. 0,9; h=26 m; 1,6 Bt.

Probefläche: Größe 15,57 ar. Wüchfiger und gut gefchlofsener Fi=Altholzbestand. Bodenflora: reichlich Oxalis, bei Lichtung Calamagrostis Hal. —

A=83; n=453; G=30,4 qm; MSt. h=26,7 m; d=29,2 cm; 1,9. Bt.

Abt. 49 a, Aufforstungsfäche, Muskowitgneis, ziemlich steiler NNW=Hang.

Bestandsgeschichte 1831: 49 a; 9,54 ha. „Stellenweife naffe oder verfumpfte Blöße, mit Gras, Moos und auch mit Heide bewachfen; im erften Jahrzehnt mit Nadelholz anzubauen, vorher auf den verfumpften Stellen zu entwäffern."

1838—42 wird die Blöße durch Fi=Akkordpflanzung in Bestand gebracht. 1843 erfolgen geringe Nachbesferungen.

Revif. 23: 560 fm; Schl. 0,8; h=30 m; über erste Bonität.

Probefläche: Größe 33,1 ar. Sehr hohes Fi=Altholz, Schluß durch mehrere Bruchlücken unterbrochen. Bodenflora: Im Bestand herrfchend Aira mit Oxalis und Mnium, bei Lichtung Calamagrostis Hal.; häufig Aspidium spinulosum und filix femina, Myrtillus, Rubus, Sencio Fuchsii. A=87; n=411; G=37,4 qm; M St. h=30,5 m, d=34,15 cm; 1,1 Bt.

Abt. 75 c, Aufforstungsfläche, Muskowitfchiefer mit moorigen Stellen, fchwach geneigter O=Hang.

Bestandsgeschichte 1831: Abt. 75 f; 1,08 ha. „Verfumpfte Räumde mit 30—40 jährigen Fi, mit Heidel= und Preißelbeerfträuchern, Moos und Heide mehrenteils stark überzogen und auch teilweife verfilzt. Ist im erften Jahrzehnt abzutreiben, zu entwäffern und hierauf mit Nadelholz zu kultivieren.

1833 erfolgt die Entwäfferung und 1840 ergibt der Abtrieb der Räumde einen Ertrag von 4,5 fm pro Hektar. Zwifchen 1843 und 1848 wird die Fläche mit Fi im

Akkord angebaut, 1849 erfolgen geringe Nachbesserungen. 1853 wird 75 f mit 75 b zu einer Unterabteilung zusammengeworfen, 1863 wird es in seiner ursprünglichen Form und Größe als 75 c wieder abgetrennt.

Revif. 23: 500 fm; Schl. 0,9; h=25 m; 1,7 Bt.

Probefläche: Größe 10,75 ar. Gutes, wenig durchbrochenes Fi-Altholz. Bodenflora: Myrtillus, Aira flexuosa, sorbus aucuparia, an den Grabenrändern einzeln Aspidium spinulosum. — A=82; n=935; G=49,1 qm; MSt. h=25 m, d=25,9 cm; 2,1. Bt.

Abt 75 b, Waldbodenvergleichsfläche zu 75 c. Geologie, Exposition, Inklination wie 75 c.

Bestandsgeschichte 1831: Abt. 75 b; 5,14 ha. „40—70 jährige Fichten und Tannen; gering—mittelmäßig, Schluß meist schlecht. Mit Heidel- und Preißelbeersträuchern mehrenteils stark überzogen und auch teilweise verfilzt. Im ersten Jahrzehnt zu Nadelholz zu verjüngen.“

1849 Kahlschlag. 1850 Neukultur. 1852 Nachbesserungen.

Revif. 23: 260 fm; Mittelhöhe h=16 m; 3,7 Bt.

Die Probefläche im besten Teil des Bestandes unmittelbar an 75 c anschließend: Größe 8,44 ar. Ungleichmäßiger Fi-Bestand von mäßiger Wuchsleistung. Bodenflora: Herrschend Myrtillus, Calamagrostis Hal., dazwischen Dicranum und Mastigobryum, etwas Aira flexuosa nnd Sorbus aucuparia; in den Gräben Polytrichum und etwas Sphagnum. — A=77; n=1185; G=28,5 qm; M St. h=15,3 m, d=17,5 cm; 4,3. Bt.

Abt. 78 p, Aufforstungsfläche, Muskowitschiefer, stark geneigter NO-Hang.

Bestandsgeschichte 1831: Abt. 78; 0,46 ha. „Versumpfte Räumde mit 40—60 jährigen Fi. Mit Heidel- und Preißelbeersträuchern, Moos und Heide meist stark überzogen und verfilzt. In der zweiten Periode zu Nadelholz zu verjüngen.“

Zwischen 1843 und 48 wird die Fläche nach vorheriger Räumung und Entwässerung mit Fi im Akkord in Bestand gebracht. 1853 wird sie mit 78 a zu einem Bestand zusammengelegt, aber 1893 als 78 p von 78 a wieder getrennt. 78 p ist etwas größer als die alte Räumdenfläche, umfaßt diese aber ganz mit.

Revif. 23: 520 fm; Schl. 0,8; h=24 m; 2. Bt.

Probefläche: Größe 12,13 ar. Wüchsiger wenig durchbrochener Fi-Altholzbestand. Bodenflora: Myrtillus und Aira flexuosa herrschend, Sorbus aucuparia, Polster von Polytrichum und Diacranum. — A=82; n=815; G=45,8 qm; M St. h=22,8 m, d=26,3 cm; 2,6. Bt.

Abt. 100 b. Muskowitschiefer, Probefläche III teils auf Bachaluvium, teils auf Moor, schwach geneigter ONO-Hang.

Bestandsgeschichte. 1831: Cranzahl Abt. 25 b 2,43 ha. „40—70 jähriger Fi-Bestand, Beschaffenheit und Schluß meist schlecht; im ersten Jahrzehnt abzutreiben, wo nötig zu entwässern und sodann mit Nadelholz anzubauen.“ Hier liegt Probefläche II. — Cranzahl 25 c und d; 1,38 ha. „Versumpfte Blöße; im ersten Jahrzehnt zu entwässern und dann mit Nadelholz anzubauen.“ In d liegt Probefläche III. — Cranzahl 25 e; 1,66 ha. „Versumpfte Räumde mit 20—60 jährigen Fi; im ersten Jahrzehnt abzutreiben und mit Nadelholz anzubauen." In e liegt Probefläche I. — Floristische Angabe für b, c, d, e: „Mit Moos und Heidelbeeren bewachsen oder mit Nadeln bedeckt."

1836 gibt der Abtrieb der Räumde e 15 fm Klafterholz und 17,1 fm Reisholz pro Hektar. 1839 wird b kahlgeschlagen, Ertrag 100 fm pro Hektar. Die im gleichen Jahr vorgenommene Entwässerung von d kostet 47 Thaler 12 Groschen pro Hektar. 1840 erfolgt Anbau von b durch Fi=Pflanzung im Akkord; d wird vom 17. bis 18. September im Akkord mit 57 Schock Fi=Pflanzen für 13 Thaler 12 Groschen pro Hektar in Bestand gebracht; mithin 7100 Pflanzen pro Hektar, entsprechend dem Verband 1 : 1,41 m. Die Gesamtkosten für Aufforstung von 25 d betragen also 182,43 Mark pro Hektar. 1840 wird auch noch e an den nötigen Stellen für 11 Thaler 16 Groschen entwässert. 1841 bringt man vom 9.—13 September mit 155 Schock Fi=Pflanzen e für 15 Thaler 15 Groschen im Akkord in Bestand; mithin 5600 Pflanzen pro Hektar, entsprechend dem Verband 1 : 1,79 m. Es betragen die Gesamtkosten für Aufforstung von 25 e also 49 Mark pro Hektar. 1843 werden Spätfrostschäden in b und e gemeldet. 1853 erfolgt Zusammenfassung von 25 b, c, d, e zu 25 b, dem heutigen 100 b. Am Bach wird etwas nachgebessert.

Revis. 23: Das alte 25 d und e wird auf 530 fm pro Hektar geschätzt, das alte 25 b auf 460 fm pro Hektar. Die sehr unterschiedliche und auch bestandsgeschichtlich nicht einheitliche Unterabteilung soll 24 m Bestandsmittelhöhe haben.

Alle drei Probeflächen liegen rechts und links vom Hauptentwässerungs=graben, am gleichmäßig, leicht geneigten Hang. Fläche I liegt am höchsten, III am tiefsten, II die alte Waldbodenfläche, in der Mitte.

Probefläche I. Aufforstungsfläche. Größe: 28,65 ar. Etwas un=gleiches, sehr wüchsiges, stark durchbrochenes Fi=Altholz, Bodenflora: Aira flexuosa und Myrtillus herrschend, Oxalis vor allem an den Grabenrändern sehr üppig, viel Sorbus aucuparia und einzeln Aspidium spinulosum. — A=86; n=350; G=32,4 qm; M St. h=27,6 m, d=34,5 cm; 1,8. Bt.

Probefläche II. Waldbodenvergleichsfläche zu I. Größe: 16,8 ar. Wüchsiges Fi=Altholz mit etwas durchbrochenem Schluß. Bodenflora: Myr-tyllus und Aira flexuosa herrschend, an den Grabenrändern mitunter kleine Sphagnum=Polster; reichlich Fi=Anflug von 1924. A=87; n=595; G=36,6 qm; M St. h=23,5 m, d=28,2 cm; 2,8. Bt.

Probefläche III. Aufforstungsfläche, Größe: 30,14 ar. Über=aus wüchsiger, sehr stark durchbrochener Fi=Altholzbestand. Bodenflora: Herrschend Aira flexuosa mit sehr viel Oxalis; in Bruchlücken sehr üppig Rubus, Epilobium, Aspidium, Calamagrostis Hal. — A=81; n=333; G=33,6 qm; M St. h=32,3 m, d=37,5 cm; über 1. Bt.

Abt. 114 e. Aufforstungsfläche, Muskowitschiefer, geneigter W=Hang.

Bestandsgeschichte. 1831: Cranzahl 41 a; 11,38 ha. „Versumpfte Räumde mit 6—20 jährigen Fi und Erl und einem Horste 60—120 jähriger Fi. Großenteils mit Wassermoos und Gras überzogen, übrigens mit Heidel= und Preißelbeersträuchern bewachsen. Ist im ersten Jahrzehnt zu räumen, dann zu entwässern und mit Nadel=holz anzubauen." Der Ertrag bei Abtrieb der Räumde beträgt 1,03 fm pro Hektar.

1838 erfolgt Entwässerung durch 1391,5 m Gräben für 61 Thaler 12 Groschen. 1839 wird die Fläche vom 1.—15. Oktober zu einem Viertel, 1841 vom 13.—30. April

Tabelle

Abt.	1830	Bt. Schw. 90 aufgen. 23	Bt. Schw. 02 aufgen. 27	Nadel= streu cm	Auflage humus cm	Vergrauungs= Zone
14 f	Räumde, steiler Hang .	1,4.	1,1.	2—3	10—20	nicht deutlich geliedert
14 b	Fi=Altholz, steiler Hang, Schluß gut	1,5.	2,3.	2—4	5—10	5—20 cm
Räumde zu Waldfläche . . .		+ 0,1	+ 1,2	— 1	+ 7	—
48 d	Blöße, geneigt bis steil .	1.	1.	3	10—14	15 cm Schw. · ausgeprägt
24 d	Fi=Altholz, Schluß gut, geneigt	1,6.	1,9.	3	8—12	15—30 cm Schw. ausgeprägt
Blöße zu Waldfläche		+ 0,6	+ 0,9	± 0	+ 2	— 7 cm
75 c	Räumde, schw. geneigt .	1,7.	2,1.	2—3	5— 9	15—24 cm
75 b	Fi=Altholz, Schluß wenig gut, schw. geneigt . .	3,7.	4,3.	2—5	5—12	6—10 „
Räumde zu Waldfläche . . .		+ 2,0	+ 2,2	— 1	— 1,5	+ 12 cm
100 bᴵ	Räumde, schw. geneigt .	1,8.	1,8.	4—6	10—14	5—40 cm st. humos
100 bᴵᴵ	Fi=Altholz. Schluß wenig gut, schw. geneigt . .	2,8.	2,8.	4—8	5—10	15-25 cm ob. humos
Räumde zu Waldfläche . . .		+ 1,0	+ 1,0	— 1	+ 5	+ 7 cm

zu drei Viertel durch Fi=Pflanzung im Akkord in Bestand gebracht. Viel natürlicher Anflug wird in die Verjüngung mit einbezogen. Bis 1843 leidet der Bestand durch Spätfrost. 1843, 45, 52, 58, 60, 62 erfolgen Nachbesserungen. Die Kosten der vollständigen Inbestandbringung einschließlich Melioration und Ausbesserungen betragen 242 Thaler 17 Groschen = 54,6 Mark pro Hektar. 1913 werden 2,16 ha kahlgeschlagen (heute 114 k) und ergeben 425 fm pro Hektar. 1920 werden weitere 4,86 ha (heute 114 i) geschlagen, Ertrag pro Hektar 435 fm.

Revif. 23: 660 fm; Schl. 0,9; h=28 m; 1,3 Bt.

Probefläche: Größe 27,5 a. Sehr hohes, stark durchbrochenes Fi=Altholz. Bodenflora: herrschend Calamagrostis Hal., Aira flexuosa mit reichlich Oxalis, einzeln Sorbus, Rubus, Juncus, Aspidium; Fi=Anflug von 1924 überall dort reichlich, wo nicht als Folge zu starker Lichtung Calamagrostis verdrängend wirkt. A=86; n=364; G=35,7 qm; M St. h=30 m, d=35,45 cm; 1,1. Bt.

Abt. 30 und 31. Von dem rund 21,15 ha großen ehemaligen Räumden und Blößenkomplex der Abteilungen 30 und 31 sind nur noch geringe Hiebsreste = 1,49 ha in Abt. 30 h des Aufforstungsbestandes 1. Generation erhalten. Der Rest ist geschlagen.

Abt. 30 h.

Bestandsgeschichte. 1831: „Verwilderte Räumde, größtenteils vernaßt mit 40—90 jährigen geringen Fi, zum Teil auch versumpfte Blöße." Nach Räumung und Ent=

1.

Anreicherungs-Zone	1,5 m vom Stock Durchwurzelungstiefe cm	Mineralboden	Jahrfünft in dem der größte h-Zuwachs erreicht wird	der jährl. Zuwachs in dem Jahrfünft cm	erreichte Ges. Höhe am Schluß des Jahrf. m
nicht deutl. gegliedert	30	sandiger Grusboden	5.	64	9,60
5—25 cm	60	lehmiger Sand, steinig	6.	46	9,30
—	—30		—1	+18	+0,30
nicht klar ausgeprägt	30	anlehmiger Sand	—	—	—
do.	40—50	lehmiger Sand	—	—	—
—	—15		—	—	—
streifig	60	lehmiger Sand	4.	52	7,80
schwach ausgeprägt	35	do.	6.	40	6,20
—	+25		—2	+12	+1,60
streifig	15—30	lehmiger Sand	4.	64	9,20
wechselnd stark	35	do.	4.	56	6,30
—	—13		±0	+8	+2,90

wässerung wird die Fläche zwischen 1838 und 42 durch Fi-Akkordpflanzung in Bestand gebracht. 1923: 440 fm pro Hektar; Schluß 0,8; Bestandsmittelhöhe 24 m = 2,4. Bt. nach Schw. 1890.

Untersuchungen 1927: Die Fläche ist etwa zu $^2/_5$ moorig, zu $^1/_5$ anmoorig und zu $^2/_5$ nicht vernaßter Gneisboden.

a) mooriger Teil. Bodenflora: Herrschend Calamagrostis Hal., wenig Myrtillus, etwas Oxalis, Kreisflächenmittelhöhe: 21 m; 3,3. Bt.

b) anmooriger Teil. Bodenflora: Herrschend Calamagrostis Hal. und Myrtillus, etwas Aira und Oxalis. Kreisflächenmittelhöhe: 26 m; 2,2. Bt.

c) nicht vernaßter Gneisboden. Bodenflora: Aira flexuosa mit Oxalis herrschend, häufig Myrtillus. Kreisflächenmittelstamm: h=28 m; 1,8. Bt.

Die geschlagenen Partien des Komplexes 30/31 gehören auf Grund von Bodeneinschlägen nach grober Schätzung zur Hälfte dem anmoorigen Typ und zu je einem Viertel dem moorigen und dem nicht vernaßten Gneisbodentyp an.

Abt. 39, 40, 41. Aufforstungsflächen. Von dem rund 19 ha großen Räumden- und Blößenkomplex in den Abteilungen 39, 40 und 41 sind nur noch etwa 1,5 ha Hiebsreste der ersten Aufforstungsgeneration in 40 g und 41 k erhalten. Die gesamte Fläche gehört zu rund vier Fünftel zum Typ der anmoorigen Böden und zu einem Fünftel zu den reinen Moorböden.

Bestandsgeschichte 1831: „Zum größten Teil versumpfte Blöße, zum kleineren Teil vernaßte Räumde mit 5—10 jährigen, vom Vieh verbissenen Fi und 30—60 jährigen geringen Fi." Zwischen 1838 und 42 erfolgt Inbestandbringung durch Fi=Akkord= pflanzung.

Bestandsgeschichte 1923: 40 d und 41 k sind nur zum Teil alte Räumdenfläche, die Revisionschätzung, die für die ganze Unterabteilung, also auch die Nichträumdenfläche gilt, ist deshalb für Kennzeichnung des Aufforstungserfolges unbrauchbar.

Untersuchungen 1927: Aufforstungsbestand in 40 d. Fi=Altholz rechts und links vom Bachlauf, sehr wüchsig und gut geschlossen. Bodentyp an= moorig. Kreisflächenmittelhöhe: 28,5 m; 1,6. Bt. Aufforstungsbestand in 41 k. Wüchsiges und gut geschlossenes Fi=Altholz am geneigten O=Hang. Bodentyp anmoorig. Kreisflächenmittelhöhe: 26 m; 2,2. Bt.

Vergleichender Überblick über die Untersuchungen auf anmoorigen Böden.

Tabelle 1 soll einen Überblick gewähren über die Verhältnisse von Bodenprofil und Bestockung bei den vier zum Vergleich gestellten Flächen= paaren (Waldboden zu Räumden bzw. Blößenflächen). In Tabelle 2 sind dann die Untersuchungsergebnisse für diejenigen anmoorigen Aufforstungs= flächen zusammengestellt, die mittels Stammanalysen untersucht wurden, zu denen aber direkte Vergleichsflächen fehlen.

Aus den Tabellen geht e i n d e u t i g   e i n e   Ü b e r l e g e n h e i t   d e r   H ö h e n w u c h s l e i s t u n g e n   d e r   A u f f o r s t u n g s f l ä c h e n   ü b e r   d i e j e n i g e n   d e r   z u m   V e r g l e i c h   g e s t e l l t e n   W a l d b o d e n = f l ä c h e n   h e r v o r. Die Stammanalysen zeigen, daß diese Überlegenheit vor allem auf einem rascheren Jugendwachstum der Aufforstungsbestände beruht. Die Kulmination des laufenden Höhenzuwachses tritt wesentlich

Tabelle 2.

Abteilung	Bt. Schm. 90 aufgen. 1923	Bt. Schm. 02 aufgen. 27	Auflagehumus	Vergrauungs= Zone	Durchwurzelung	Jahrfünft in dem der größte Zuwachs erreicht wird	der durchschnittl. jährl. Zuwachs in diesem Jahrfünft	erreichte Gesamt= höhe am Schluß dieses Jahrfünftes
			cm	cm	cm		cm	m
17 a fast eben	1,2.	2,2.	15—22	50	20	5.	56	8,6
78 p geneigter Hang . . .	2.	2,6.	10—30	15	35	6.	58	11,4
114 e fast eben	1,3.	1,1.	15	35	20	5.	63	9,7
100 b^{III} fast eben	1.	1.	nicht einheitlich, z. T. reine Moorfl.			4.	65	10,2

Anmerkung: Die in den Tabellen 1 und 2 angeführten Zahlen über die Höhen= zuwachsverhältnisse beziehen sich auf Kreisflächen=Mittelstämme und wurden gefunden aus der Analyse von 21 Probestämmen.

früher ein. Sie liegt bei den Aufforstungsflächen auch absolut höher. Aus den Bodenprofilen kann man ersehen, daß eine Abnahme der Stärke der Humusschicht während der Freilage wahrscheinlich nicht eingetreten ist. Dagegen ist in einigen Fällen eine weitgehende Umwandlung von Bestandshumus in Humus der Verwilderungsflora zu beobachten. Noch deutlich erkennbare Reste kennzeichnen ihn vor dem auch sonst nach Farbe und Struktur unterschiedenen, stets weniger lockeren alten Waldhumus. Sehr selten ist sämtlicher Waldhumus gewandelt worden. In den Fällen, wo diese Umwandlung nicht eindeutig zu erkennen ist, kann man trotzdem bei nachweislich gleicher Verwilderungsflora einen gleichen Prozeß vermuten. Vielleicht ist in solchen Fällen die von der Fi besonders reich durchwurzelte Grashumusschicht schon zum größten Teil wieder aufgezehrt. Bemerkenswert ist das ziemlich häufige Auftreten der Sphagnum-Reste, die linsenförmig in die Schicht des Grashumus eingelagert sind oder ihn vereinzelt sogar ersetzen. Das weist daraufhin, daß die Humusverhältnisse zurzeit der Freilage selbst in den heute besten Beständen wie 48 d und 100 b stellenweis recht ungünstig waren. Diese Stellen haben offenbar während der Freilage unter Staunässe gelitten. Erst die umfangreiche Entwässerung schuf für alle Teile die nötige Vorflut Die Sphagnum-Linsen liegen heute nach einem vollen Umtrieb noch vollkommen unzersetzt im Boden und werden von den Fi-Wurzeln gemieden. Die Tatsache aber, daß die aufgeforsteten Bestände sofort gut an- und rasch aufgewachsen sind, läßt nur die Deutung zu, daß die Sphagnum-Polster lediglich auf für den Gesamtzustand belanglose Verschlechterungen auf kleinstem Raum hinweisen. Da die Fi auf den anmoorigen Böden in der Jugend ausschließlich auf den Humus angewiesen ist, ergibt sich zwangsläufig, daß sich zurzeit der Inbestandbringung der Humus auf dem allergrößten Teil der einzelnen Flächen in einem dem Fi-Wachstum äußerst günstigen Zustand befand.

Der als Folge kurzer Freilage von mehreren Forschern auf manchen nicht eigentlich anmoorigen Standorten nachgewiesene Abbau des Humus ist als Folge der langen Freilage auf den anmoorigen Böden Neudorfs nicht eingetreten. Dagegen hat die schon erwähnte weitgehende biologische Wandlung von Waldhumus in solchen der Verwilderungsflora stattgefunden. Soweit es sich um Grashumus handelt, ist er locker und krümelig und wird von der Fi üppig durchwurzelt. Mit einem hohen Grad von Wahrscheinlichkeit muß man in dieser Umwandlung des Humus einen Grund für die überraschenden Wuchsleistungen auf den anmoorigen Aufforstungsflächen suchen.

Aus den tabellarischen Übersichten ergibt sich weiterhin, daß die Durchwurzelungstiefe auf aufgeforsteten Flächen in der Regel geringer ist, als in den alten Waldbodenflächen und daß andererseits bei den Aufforstungsflächen in nicht oder nur schwach geneigten Lagen die absolute Stärke des vergrauten Horizontes größer ist.

2. **M o o r b ö d e n** : Humusschicht mächtiger als 30 cm, die Durchwurzelung beschränkt sich in der Regel ausschließlich auf die Humuszonen.

3—8 cm nasse Nadelstreu lagert auf einer 10—30 cm starken bröckelbaren bis krümelbaren Humusschicht, die frisch riecht und gut durchwurzelt ist. Dann folgt die 30 bis 50 (150) cm starke Schicht von meist muffig und faul riechendem, undurchwurzeltem Moor, das sich fettig anfühlt. Auch hier lagert häufig zwischen Nadelstreu und altem Waldhumus eine Schicht von Grashumus, 0—10 cm stark, oft durchsetzt oder ersetzt von undurchwurzelten Linsen von Sphagnum.

Abt. 114 a. A u f f o r s t u n g s f l ä c h e , Moor auf Zweiglimmergneis, schwach geneigter W=Hang.

Bestandsgeschichte bis 1873 wie 114 e dann als 114 a getrennt geführt, aber die Schlagergebnisse von 1903 und 1920 mit 114 e zusammen gebucht.

Revis. 23: 330 fm; Schl. 0,8; h=19 m; 3,6 Bt.

Probefläche: Größe 31 ar. Gutes, aber ungleichmäßiges Fi=Altholz, Schluß durchbrochen. Bodenflora: Unter Schirm Aira, in Bestandslücken Calamagrostis Hal. herrschend, etwas Rubus und Myrtillus, überall verstreut Oxalis und Aspidium spinulosum, an den Grabenrändern Galium saxatile und Juncus. — A=86; n=323; G=30,9 qm; M St. h=25 m, d=34,9 cm; 2,3. Bt.

Abt. 114 h und 115 h. A u f f o r s t u n g s f l ä c h e n. Diese Bestände stockten nicht auf einer eigentlichen Blößefläche, sondern auf einer abgetorften Moorfläche, Jnklination fast eben.

Bestandsgeschichte. 1885: Das abgetorfte Moor 6,89 ha wird durch Fi=Pflanzung in Bestand gebracht.

Revis. 23: Bestandsmittelhöhe 12 m = 1,5 Bt. Schw. 1890; Schluß 1.

Untersuchungen 1927: In 115 h werden eine herrschende und zwei Normalstangen gefällt, die Höhen ringsum gemessen und Bodeneinschläge gemacht. Sehr wüchsiges, gleichmäßiges, gut geschlossenes Stangenholz. Bodenflora: Nur in Lücken Galium saxatile, Mnium, Schachtelhalm, sehr selten Myrtillus; auf Schneise 114/115 Agrostis, Juncus, Potentilla, Kräuter und Disteln.

Arithmetische Mittelhöhe 15 m = 1,4. Standortsbonität nach Schw. 1890.

Abt. 115 b. A u f f o r s t u n g s f l ä c h e , Moor auf Zweiglimmergneis, schwach geneigter W=Hang.

Bestandsgeschichte. 1831: Granzahl 42 b; 6,57 ha. „Versumpfte Räumde mit 10—40 jährigen Erl und Fi. Größtenteils mit Wassermoos und Gras überzogen, übrigens mit Heidel= und Preißelbeersträuchern bewachsen."

Von 1831 bis 40 nach und nach in Bestand gebracht; Kulturkosten pro Hektar ohne Entwässerungen und Ausbesserungen 36 Mark. 1840 gibt die Räumung der Räumde

3,6 fm Erlenreisholz pro Hektar. Im gleichen Jahre werden 601,30 m Gräben ge=
räumt, 1841 nochmals 729,5 m. 1842 werden 487,5 m neue Gräben angelegt. Infolge
Spätfrostschaden machen sich geringe Ausbesserungen nötig. 1843, 45, 51, 58 erfolgen
weitere Nachbesserungen. 1917 werden 3,58 ha kahlgeschlagen, Ertrag pro Hektar
475 fm. Ein Kahlschlag von 1922 auf 1,48 ha gibt 335 fm pro Hektar.

Schätzung der Revision 1923: 510 fm pro Hektar; Schluß 0,8; Bestandsmittelhöhe
24 m = 2,5. Bt. n. Schw. 1890.

1924 werden für einen Vorbereitungsschlag 147 fm pro Hektar entnommen.

Die 1927 aufgenommene Probefläche: Größe 24,59 ar. Mittelhohes,
starkgelichtetes Fi=Altholz mit zwei alten Erlen. Bodenflora: Aira flexuosa,
Calamagrostis Hal., vereinzelt Oxalis und Myrtillus, viel florafreie Stellen.
— A=90; n=345; G=30 qm; M St. h=25,3 m, d=33,3 cm; 2,5. Bt.

Abt. 45 b und m. A u f f o r s t u n g s f l ä c h e , Moor auf Muskowit=
gneis, schwach geneigter N=Hang.

Bestandsgeschichte. 1831: Abt. 45 b; 1,87 ha. „Versumpfte Räumde mit 20—
40 und 40—60 jährigen schlechten, struppigen Fi, mit Gras bewachsen. Ist im ersten
Jahrzehnt zu räumen, zu entwässern und dann mit Nadelholz anzubauen." Bei Ab=
trieb der Räumde ergibt sich ein Ertrag von 10,9 fm pro Hektar.

Zwischen 1838 und 1842 erfolgt Inbestandbringung durch Fi=Akkordpflanzung.
1853 wird der Bestand als buttig und naß, als 5. Bonität geschildert.

Revis. 23: 45 b. 440 fm pro Hektar; Schluß 0,9; Bestandsmittelhöhe 18 m
= 3,6. Bt. n. Schw. 1890.

45 m. 360 fm pro Hektar; Schluß 0,8; Bestandsmittelhöhe 19 m = 3,4. Bt.
nach Schw. 1890.

Probefläche in 45 b. Größe 14,75 ar. Gutes, wenig durchbrochenes
Fi=Altholz Bodenflora: Aira flexuosa und Myrtillus in lockeren Büscheln,
Oxalis überall reichlich, an den Gräben und bei Lichtung Calamagrostis Hal.
— A=87; n=680; G=49 qm; M St. h=23,2 m, d=30,4 cm; 2,8. Bt.

b) d a s W a s s e r s t a g n i e r t .

Das Bodenprofil zeigt eine 6—10 cm starke, von Sphagnum reichlich
durchsetzte Nadelstreuschicht, die auf einer schwarzen bis braunen, bröckelbaren
oder auch speckig zähen Humusschicht von 10—30 cm Stärke lagert. Sie
riecht stets faul und muffig und ist kaum in der alleroberſten Zone noch von
Fichte schwach durchwurzelt, so daß der Hauptwurzelraum die kaum humi=
fizierte, Sphagnum durchsetzte Nadelstreuschicht ist. Wurzelreste bezeugen,
daß eine frühere Generation Wald den Boden bedeutend tiefer durchwurzelte.
Der grusige, sandige oder schmierig dichte Mineralboden erinnert an
Molkenboden: eine starke graue Zone mit linsenförmiger und streifiger
Fe=Anreicherung.

Abt. 24 a. A u f f o r s t u n g s f l ä c h e , Muskowitgneis, schwach ge=
neigter N=Hang.

Bestandsgeschichte. 1831: Abt. 24 d, 11,4 ha. „Versumpfte Räumde mit 20—
40 jährigen und 40—80 jährigen, struppigen Fi. Durch saures Gras und Binsen verfilzt.
Im ersten Jahrzehnt abzutreiben, zu entwässern und mit Nadelholz zu kultivieren."
Der Abtrieb der Räumde ergibt 22,5 fm pro Hektar.

1833 erfolgt die Entwässerung, und zwischen 1838 und 42 die Inbestandbringung. 1843 wird einiges nachgebessert. Noch 1853 wird der Bestand als ganz buttig und naß geschildert, er hat durch Viehhutung gelitten.

Schätzung der Revision 1923: 390 fm pro Hektar; Schluß 0,75; Bestandsmittel= höhe 18 m = 3,7. Bt. n. Schw. 1890.

Probefläche: Der ganze Bestand ist sehr ungleichmäßig und zeigt schlechtes bis befriedigendes Wachstum, je nachdem das Wasser vollkommen stagniert oder langsam abfließen kann. Größe der Probefläche 11,11 ar. Geringer, ungleichmäßiger lückiger Fi=Bestand. Bodenflora: Calamagrostis Hal. mit Polytrichum und Sphagnum sind herrschend, Myrtillus häufig in lockeren Büscheln, einzeln Aspidium spinulosum. — A=87 Jahre; n=890; G=35,6 qm; M St. h=19,6 m, d=22,6 cm; 3,7. Bt.

Abt. 46 h, l, m, b, c, f. Aufforstungsflächen. Grobfasriger Augengneis, WSW=geneigt, selten eben. Diese Abteilung führte früher den Namen Sudelsäure und weist heute sehr gute und gute und einen extrem schlechten Bestand (m) auf.

Bestandsgeschichte. 1831: Abt. 14 f; 11,42 ha. „Versumpfte Räumde mit 20— 60 jährigen, geringen, meist struppigen Fi. Durch saures Gras und Binsen verfilzt. Ist der Hutung wegen erst in der zweiten Periode abzutreiben und nach der Ent= wässerung mit Nadelholz anzubauen."

1843 ergibt der Abtrieb der Räumde 4,05 fm pro Hektar. Zwischen 1844 und 47 erfolgt Inbestandbringung. 1871 werden 0,7 ha mit Fi ausgebessert. 1903: c und 1, 7,77 ha, 350 fm pro Hektar; h, 2,66 ha 190 fm pro Hektar; m, 0,61 ha 90 fm pro Hektar; b, 0,77 ha, 400 fm pro Hektar. b und c sind bis 1923 vollständig, 1 zum Teil geschlagen.

Revif. 23: h) 320 fm; h=17 m; 4. Bt.; 1) 440 fm; h=23 m; 2,5 Bt.; m) 180 fm; h=14 m; 5. Bt.

Untersuchungen 1927: 46 m liegt als Insel in der stärker hängigen Unterabteilung 46 l, die unter Staunässe nicht leidet. l=Lage am Bach unter 46 m: 20 Normalstämme gemessen ergeben 25,3 m als Mittelhöhe = 2. Bt. l=Lage am Hang oberhalb von m: 20 Normalstämme gemessen ergeben 22,4 m Mittelhöhe = 2,6. Bt.

Die Probefläche in m: Größe 5,02 ar. Sehr unwüchsiger Fi= Bestand, mit vielen unterdrückten, kaum manneshohen Altfichten, un= regelmäßig, dicht und doch nicht vollgeschlossen. Bodenflora: Sphagnum, meist aber nur mit Nadeln bedeckt. — Alle Einschläge riechen stark muffig und faulig. — A=82; n=2000; G=27,6 qm; M St. h=11,5 m, d=13,25 cm; unter 5. Bt.

Abt. 84 a. Aufforstungsfläche, körnig, flaseriger Zweiglimmer= gneis, eben.

Bestandsgeschichte. 1831: Cranzahl Abt 5 a; 8,67 ha. „Versumpfte Räumde mit 20—80 jährigen Fi. Vernaßt oder mit Wassermoos überzogen, übrigens mit kurzem Moos, Preißel= und Heidelbeeren bewachsen. Baldigst zu räumen und dann zu ent= wässern und unverzüglich mit Nadelholz anzubauen."

1834 erfolgt die Entwässerung, der Ertrag bei Abtrieb der Räumde ist 14,55 fm pro Hektar. 1843, 1848—51 jährlich, 1853 und 1859 erfolgten Nachbesserungen, im Stagnationsgebiet mit Ballenpflanzen. Schon 1853 wird der Teil des Bestandes mit Staunässe als 5. Bonität nach Preßler geschätzt, der größere Rest der Fläche aber als sehr gut bezeichnet. 1913 ergibt ein Kahlschlag auf 0,76 ha (heute 74 f) 463 fm pro Hektar. 1919 werden 3,01 ha kahlgeschlagen (heute 84 h) und ergeben 523 tm pro Hektar.

Schätzung der Revision 1923: 300 fm pro Hektar; Bestandsmittelhöhe 19 m = 3,7. Bt. Schw. 1890.

Die 1927 im schlechtesten Teil von 84 a aufgenommene Probefläche: Größe 7,31 ar. Sehr schlechter, ungleichmäßiger, stark lückiger Fi=Bestand. Bodenflora: Sphagnum und Polytrichum, einige Flecken Myrtillus und Aira flexuosa, meist aber nur mit Nadeln bedeckt. — A=88; n=640; G=22,1 qm; M St. h=11,5 m, d=14,4 cm; unter 5. Bt.

Um die Wirkung der Entwässerungsgräben zahlen= mäßig zu erfassen, wurden an einem Graben sämtliche Bäume ge= messen, die in einer Entfernung von 0—3, 3—6, 6—9 m rechts und links vom Graben stocken. Ergebnis:·

	rechts vom Graben			links vom Graben		
Entfernung vom Graben	6—9 m	3—6 m	0—3 m	0—3 m	3—6 m	6—9 m
Arithmetische Mittelhöhe sämtlicher Stämme	10,1 m	10,6 m	**13,8 m**	**15,4 m**	{10,2 m	11,5 m

Es zeigt sich also, daß durch die Gräben ein besseres Wachstum der Randbäume tatsächlich erzielt wird. Die Reichweite der Grabenwirkung ist aber sehr ge= ring und beträgt nur 3—4 m.

Aufnahmen 1927 im Aufforstungsteil von 84 a ohne Staunässe: Gutes, gutgeschlossenes Fi=Altholz. Bodenflora: Myrtillus und Aira flexuosa, kein Sphagnum. Zum Vergleich mit den Erhebungen im Stagnationsteil wurden auch hier an einem Graben rechts und links sämtliche Höhen in verschiedener Entfernung gemessen. Ergebnis:

	rechts vom Graben		links vom Graben	
Entfernung vom Graben	5—10 m	0—5 m	0—2 m	8—10 m
Arithmethische Mittelhöhe sämtlicher Stämme	19,6 m	20 m	20,9 m	22,1 m

Es zeigt sich also, daß bei normaler Vorflut eine Besser= stellung der grabennahen Bäume gegenüber den grabenfernen nicht nachweisbar ist.

B. Nichtvernaßte Böden ohne Entwässerungsgräben.

a) Basaltböden oder Basaltüberrollungsböden.

Der Boden ist steinhaltiger, stark lehmiger Sand. Eine 1—2 cm starke Nadelstreuschicht geht allmählich in eine lockere Humuszone von etwa 2—5 cm Stärke über. Der Mineralboden ist stets ungegliedert, vergraute

Zonen wurden nicht beobachtet. Überall ist die Durchwurzelung tief und gleichmäßig.

Der Bärenstein, eine 900 m hohe, frei aus der Landschaft hervorragende Basalt=kuppe, wurde 1858 mit seinem Umland als vollkommene Blöße angekauft. Das Zwischen=revisionsprotokoll von 1858 ordnet für die Instandbringung an: „Der Bärenstein ist durch Fi=Saat anzubauen, auf Steingeröll ist Pflanzung nicht ausgeschlossen; mäßige Beimischung von Lä als Schutzholz.“

Die eingelegten Probeflächen gehören in die Unterabteilungen 117 g und 118 a.

1858 gehören 117 g und 118 a zu Cranzahl 2 g, das 14,22 ha umfaßt. 1859 wird es durch Fi, und Fi=Lä=Saat und auf einem Acker durch Fi=Pflanzung in Be=stand gebracht. 1860 wird ein Acker mit Fi=Lä=Saat nachgebessert. 1861, 67, 71, 73 erfolgen weitere geringere Nachbesserungen durch Fi=Pflanzung.

Revif. 23: 117 g, 3,05 ha; 250 fm; Schl. 0,9; h=17 m; 3. Bt.. 118 a, 4,25 ha; 400 fm; Schl. 0,9; h=21 m; 1,8. Bt.

Probeflächen in Aufforstungsbeständen. Abt. 117 g: Denkbar expo=nierte Lage auf dem 900 m hohen Gipfel des Bärenstein, schwach OSO geneigt; reiner Basaltboden. Größe: 8,59 ar. Wüchsiger, sehr gut ge=schlossener Fi=Bestand. Bodenflora: Epilobium, Senecio, Fuchsii, Rubus, Sambucus racemosa, Agrostis, Oxalis sehr üppig, aber locker; Anflug von Fi und Bergahorn. — A=78; n=2120; G=63,5 qm; M St. h=18,5 m, d=19,8 cm; 3,5. Bt.

Abt. 118 a: Die Probefläche in diesem Bestand liegt etwa 120 m unter=halb von der ersten Probefläche am steilen SOS=Hang; Gneis, vollständig von Basalt überrollt. Größe 10,5 ar. Wüchsiger, gleichmäßiger, gutge=schlossener Fi=Bestand. Bodenflora: Krautflora wie bei der Probefläche in 117 g, aber bei vollem Schluß reiner Oxalis=Teppich; Anflug von Fi und Bergahorn. — A=78; n=950; G=44,6 qm; M St. h=23,6 m, d=24,5 cm; 2,4. Bt.

b) Gneisböden.

Eine meist nur 1 cm starke Nadelstreuschicht ist von 2—3 cm lockerem Humus unterlagert. Meist findet sich darunter eine 4—5 cm starke, schwach ausgebleichte Zone des Mineralbodens, Anreicherungshorizonte sind nicht zu erkennen. Der Mineralboden, lockerer, lehmiger Sand, ist gut und gleich=mäßig bis in 45 cm Tiefe von Fi durchwurzelt (1,50—2 m von den Stöcken gemessen).

Abt. 113 g. Aufforstungsfläche. Zweiglimmergneis, ge=neigter W=Hang.

Bestandsgeschichte. 1831: Cranzahl 40 c; 5 ha. „Eine größtenteils versumpfte Räumde mit einzelnen 10—30 jährigen Fi, teils vernaßt, teils mit Moos, Heidel= und Preußelbeeren bewachsen. Ist im ersten Jahrzehnt von dem strauchartigen Nadelholz zu räumen, dann, wo es nötig, zu entwässern und mit Nadelholz anzubauen.“

1838 werden 5 Acker für 67 Thaler entwässert. 1839 wird die ganze Fläche vom 12.—28. September mit 513 Schock Fi=Pflanzen im Akkord für 67 Thaler 3 Groschen in Bestand gebracht; pro Hektar also 6 120 Pflanzen, das entspricht dem Verbande

1 : 1,65 m. 1843, 44, 48 erfolgen geringe Nachbesserungen. Die Kosten für Inbestand=
bringung einschließlich Kosten für Ausbesserungen betragen für die zu entwässernde
Fläche 128 Mark pro Hektar, für die nicht zu entwässernde Fläche 57,9 Mark pro Hektar.

Reviſ. 23: 550 fm; Schl. 0,8; h=26 m; 1,6. Bt.

Probefläche: Größe 16,56 ar. Sehr hoher, gleichmäßiger, wenig durch=
brochener Fi=Altholzbestand. Bodenflora: Aira flexuosa mit Oxalis herr=
ſchend, einzeln Aspidium spinulosum uud Sorbus; Fi=Anflug vorhanden. —
A=88; n=642; G=56,8 qm; M St. h=27,5 m, d=33,5 cm; 1,8. Bt.

Abt. 106 f. Aufforstungsfläche. Glimmerreicher, ſchiefriger
Gneis, ſteiler O=Hang.

Beſtandsgeſchichte. 1831: Cranzahl 32 g; 3,32 ha. „Eine zum Teil verſumpfte
Räumde mit 10—50 jährigen Fi. Mit Moos, Gras, Heidel= und Preußelbeeren be=
wachſen; baldigſt abzutreiben, auf den naſſen Stellen zu entwäſſern und ſodann mit
Nadelholz anzubauen.“ Bei Abtrieb der Räumde fallen 5,46 fm pro Hektar an.

1837/38 wird die Fläche mit Fi=Pflanzung in Beſtand gebracht; 1842 erfolgt eine
geringe Nachbeſſerung.

Reviſ. 23: 520 fm; Schl. 0,7; h=28 m; 1,3. Bt.

Probefläche, gleichfalls wie die Probefläche in 113 g im nicht ver=
naßten Teil des Beſtandes: Größe 12,58 ar. Sehr hohes Fi=Altholz, zu=
gunſten der natürlichen Verjüngung gelichtet. Bodenflora: Aira flexuosa
mit Oxalis herrſchend, einzeln Calamagrostis Hal., Epilobium, Rumex,
Hieracium, Myrtillus, Rubus, Aspidium spinulosum. — A=90; n=422;
G=40,2 qm; M St. h=28,9 m, d=34,8 cm; 1,7. Bt.

V. Unterſuchungen auf gegenwärtigen Räumden und Blößenflächen.

Zwiſchen dem Bärenſtein und Bahnhof Cranzahl liegt noch gegen=
wärtig eine 5—6 ha große Fläche räumbigen und blößigen Bauernwaldes.
Etwa 2—3 ha ſind vernaßt oder verſumpft, 3—4 ha ſind nicht vernaßte
Hänge. Der geologiſche Untergrund iſt Gneis.

1. Vernaßter Teil: Mit Molinia, Calamagrostis Hal. und Carex=Arten
vollkommen verwilderte Räumde, mit wenigen 20—60 jährigen, gering=
wüchſigen Fi. Vereinzelt treten Hieracium, Rumex und Potentilla=Arten
auf. Auf kleinen verhagerten Aufwölbungen finden ſich Beerkräuter und
Heide. Zwiſchen dem Gras ſteckt viel Moos, kleine Sphagnum=Polſter ſind
häufig. Eine leichthängige Lage verhindert trotz Fehlens von Gräben die
Stagnation des Waſſers.

5 Einſchläge ſchließen folgendes Profil auf: 10—20 cm graubrauner
Gras= und Mooshumus, ſchmierig und dicht; 12—15 cm humoſe Bleich=
erde; dann Bleicherde mit Linſen und Streifen von ausgeſchiedenen Fe=
Verbindungen. Die Einſchläge riechen meiſt muffig und dumpf.

Nach dieſem Befund iſt es alſo im Verlauf einer längeren Freilage
durchaus möglich, daß auf vernaßten Partien die Verwilde=
rungsflora ſehr beträchtliche Humusmengen auf=

stapeln kann. Diese Erkenntnis ist für die Beobachtungen, die auf anmoorigen Aufforstungsflächen gemacht wurden und für die daraus gezogenen Schlüsse, eine wesentliche Stütze.

2. Nicht vernaßter Teil: Vollkommen mit Heidelbeere, Preißelbeere, Heide und Aira flexuosa, Nardus stricta und Agrostis verwilderte Räumde mit 20—60 jährigen, unwüchsigen Fi. Vereinzelt finden sich Galium saxatile, Epilobium und Hieracium.

8 Einschläge schließen zwei Gruppen von Profilen auf.

a) Unter vorwiegend Gräsern: 5 cm von Graswurzeln verfilzte humose Schicht, darunter ungegliederter, lockerer Gneisboden.

b) Unter vorwiegend Beerkräutern: 0,5 cm bis 1 cm vollkommen sterile, strohige Streuschicht mit Algenüberzug; 3—5 cm lockerer, schwarzer Humus; lockerer Gneisboden, meist ungegliedert, vereinzelt schwach vergraut. Die Beerkräuter durchwurzeln den Boden bis in 25 cm Tiefe, mithin weit in den Mineralboden hinein, einzelne Heidewurzeln bringen noch tiefer.

Die Untersuchungsergebnisse auf den entsprechenden Aufforstungsflächen werden nach zwei Richtungen hin bestätigt. Im Gegensatz zu Erscheinungen auf anmoorigen Böden, konnte in nicht vernaßten Gneisböden keine wesentliche Anhäufung von Humus der Verwilderungsflora beobachtet werden. Die Beerkräuter vermögen allerdings auch nicht eine vorhandene Humusschicht aufzuzehren. Sie wurzeln stark, die Heide vorwiegend im Mineralboden. Die denkbar ungünstige Verwilderungsflora entspricht nur der geringmächtigen, obersten, verhagerten Streuschicht. Im übrigen erscheint das Profil durchaus gesund und gleicht, abgesehen von der obersten Zone, ganz demjenigen der entsprechenden, wuchsfreudigen Aufforstungsbestände.

Trotz stärkster Behutung setzt sich sowohl im nassen als auch im trockenen Teil ab und zu eine einzelne oder ein kleiner Horst Anflugfichten durch.

Ein Teil der Räumde ist 1926 mit Fi aufgeforstet worden. Die jetzt zweijährige Kultur ist gut angewachsen.

VI. Vergleichender Gesamtüberblick über die Höhenzuwachsverhältnisse auf allen untersuchten Flächengruppen in Neudorf.

Zu Fig. 1. und 3. Die Punkte der eingezeichneten Kurven der mittleren Streuungsbreite wurden gefunden als arithmetische Mittel aus den Abweichungen nach oben bzw. unten. Diese Streuungskurven lassen auf den ersten Blick eine Kontrolle zu, ob sich die Mittelkurven, wie verlangt werden muß, aus prinzipiell ähnlichen Einzelkurven zusammensetzen. Dann müssen die Streuungskurven gleichsinnig wie die Mittelkurve verlaufen. Bedenklich ist es, wenn auf längere Kurvenstrecken nach beiden Seiten starke Entfernung der Streuungskurven von der Mittelkurve stattfindet; denn das zeigt, daß der Mittelwert als Durchschnitt sehr verschiedenartiger Einzelwerte gefunden wurde. Die Mittelkurve ist vollkommen unbrauchbar, wenn die Streuungskurven nicht gleichsinnig wie die Mittelkurve verlaufen.

Fig. 1.

Neudorf. Laufender periodischer Höhenzuwachs aller Analysenstämme nach Flächengruppen in Durchschnittskurven zusammengefaßt. Kreisflächenmittelstämme.

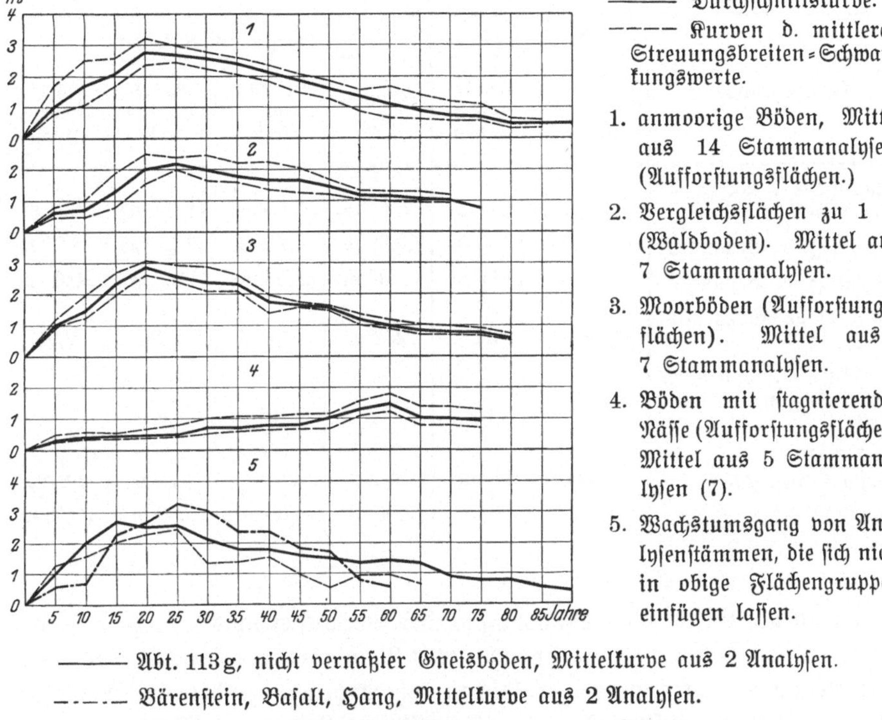

——— Durchschnittskurve.

– – – Kurven d. mittleren Streuungsbreiten = Schwankungswerte.

1. anmoorige Böden, Mittel aus 14 Stammanalysen. (Aufforstungsflächen.)

2. Vergleichsflächen zu 1 (Waldboden). Mittel aus 7 Stammanalysen.

3. Moorböden (Aufforstungsflächen). Mittel aus 7 Stammanalysen.

4. Böden mit stagnierender Nässe (Aufforstungsflächen) Mittel aus 5 Stammanalysen (7).

5. Wachstumsgang von Analysenstämmen, die sich nicht in obige Flächengruppen einfügen lassen.

——— Abt. 113 g, nicht vernaßter Gneisboden, Mittelkurve aus 2 Analysen.

– · – · – Bärenstein, Basalt, Hang, Mittelkurve aus 2 Analysen.

– – – Bärenstein, Basalt, Gipfel, Mittelkurve aus 2 Analysen.

(Aufforstungsflächen.)

Aus Tabelle 3 und Fig. 1 kann man entnehmen, daß alle Aufforstungsflächen, abgesehen von denen mit Staunässe, ein überaus rasches Jugendwachstum zeigen. In den ersten zwei bis drei Jahrzehnten sind die reinen Moorflächen den anmoorigen Flächen, gleichviel ob nach Freilage oder auf Waldboden, noch überlegen, um späterhin aber den Vorsprung zu verlieren und beträchtlich zurückzubleiben. Die anmoorigen Waldbodenflächen zeigen sich ihren entsprechenden Aufforstungsflächen im Gesamthöhenwuchs, insbesondere in den ersten Jugendwachstumsleistungen, unterlegen. Doch ist der Gesamtwachstumsgang auf beiden Flächengruppen nicht grundsätzlich verschieden. Für das spätere Zurückbleiben der Moorflächen findet sich aus den Bodenprofilen eine Erklärungsmöglichkeit. Die tieferen Zonen des Moors sind immer wenig günstig, dicht und fest, oft muffig und faul. Wenn die Fi die obere Zone durchwurzelt hat, die ähnlich wie bei den anmoorigen

Tabelle 3.

Die Werte der Tabelle wurden auf Grund der Analyse von 41 gefällten Kreisflächenmittelstämmen ermittelt. Zahlen, die sich aus weniger als 5 Stammanalysen ergeben, sind geklammert geführt.

Flächengruppe	Anmoorige		Aufforstungsflächen			
	Aufforstungsflächen	Waldbodenflächen	Moorfläche	Stagnationsfläche	Gneisbodenfläche	Basaltbodenfläche
Gesamthöhe i. 20. J. d. Bestandes	7,60 m	4,60 m	7,80 m	1,50 m	(8,30 m)	7,01 m
h i. 40. J. d. Bestandes	17,30 m	12,40 m	16,90 m	4,20 m	(16,5 m)	16,25 m
h i. 60. J. d. Bestandes	23,20 m	17,90 m	22,30 m	8,60 m	(22,3 m)	20,60 m
Standortsbt. Schw. 02 i. J. 1927	1,64.	2,32.	2,32.	4,22.	1,75.	2,95.
Jahrfünft, i. d. d. größte laufende Zuwachs* eintritt	4.	5.	4.	12.	(3.)	5.
Durchschnittl. jährl. lfd. Zuw. i. dief. Jahrf. .	54 cm	44 cm	58 cm	28 cm	(54 cm)	58 cm
h am Schluß dief. Jahrf.	7,60 m	6,90 m	7,80 m	8,60 m	(5,80 m)	10,05 m

Böden oft als Gras= oder Mooshumus der Verwilderungsflora zu erkennen ist, und weiteren Wuchsraum braucht, tritt Nachlassen der Wuchsleistung ein. Den Beständen auf anmoorigen Böden steht dagegen der dem Fi=Wachstum offenbar nicht ungünstige, humose obere Mineralboden zur Verfügung; das Höhenwachstum ist dort nachhaltiger.

Der ganz eigenartige Wachstumsgang auf den Böden mit Staunässe, mit der erst im fünften Jahrzehnt einsetzenden Erholung, zeigt, wie überaus schwer der Wald sich dieses Gebiet zurückerobern kann. Erst nachdem der Bestand selbst in der Lage ist, einen Teil des Wassers wegzupumpen, das durch einfaches Gräbenziehen nicht zu beseitigen war, schafft er sich wieder Wurzelraum und Wachstumsmöglichkeit. Bis dahin werden die Fi=Wurzeln durch die Staunässe gezwungen, in der obersten 10—15 cm starken Schicht zu bleiben, die aus der eigenen Nadelstreu des Bestandes gebildet wird, und aus einer Schicht von reinem unzersetztem Sphagnum, das die Freilage=Verwilderungsflora bildete. Diese Schicht ist aber offenbar für das Fi=Wachstum wertlos. Auf derartigen Flächen muß Kahlschlag von verhängnisvoller Wirkung sein.

---

* Hier und im folgenden gemeint Höhenzuwachs.

VII. Vergleichung der Standortsbonitäten

der heute noch in erster Generation bestockten Räumden= und Blößenflächen von 1831 untereinander und mit der Durchschnittsbonität des Gesamtreviers und bestimmter Revierteile unter Zugrundelegung der im Einrichtungswerk von 1923 niedergelegten Ermittlungen.

Die in den Tabellen 4—8 aufgeführten Bonitäten sind errechnet auf Grund des wirklichen Bestandsalters und der arithmetischen Mittelhöhe nach Maßgabe der Schwappach schen Fi=Tafeln von 1890. Dahinter sind in den Tabellen 4 und 6 für die in die einzelnen Bestände eingelegten Probeflächen die nach der Grundflächenmittelhöhe errechneten Bonitäten nach Schwappach für Fi 1902 angeführt. Tabelle 4 und 5 bringt Durchschnittsbonitäten und Vergleiche ohne Rücksicht auf die Größe der Einzel=

Tabelle 4.

Bonitäten der Aufforstungsflächen.

anmoorige Böden			Moorböden			Böden mit Staunässe			nicht vernäßte Böden		
Abt.	F.E.A. 1923	Probefl. 27	Abt.	F.E.A. 1923	Probefl. 27	Abt.	F.E.A. 1923	Probefl. 27	Abt.	F.E.A. 1923	Probefl. 27
14 f	1,4.	1,1.	30 h	2,4.	2,5.	24 a	3,7.	3,7.	118 a	1,8.	2,4
17 a	1,2.	2,2.	31 m	2,4.	—	46 h	4.	—	117 g	3.	3,5.
18 c	1,2.	2,1.	45 b, m	3,5.	2,8.	46 m	5.	5.	106 f	1,3.	1,7.
23 a	1,6.	1,4.	46 l	2,5.	2,6.	84 a	3,7.	3,2.	107 i	1,6.	—
40 d	1,6.*	1,6.	114 a	3,5.	2,3.	—		5.	113 g	1,6.	1,8.
41 k	2,2.*	2,2.	114 h}	1,5.	1,4.						
48 a	>1.	>1.	115 h}	1,5.	1,4.						
49 d	>1.	1,1.	115 b	2,3.	2,3.						
75 c	1,7.	2,1.									
78 p	2.	2,6.									
100 bI	1,8.*	1,8.									
100 bIII	>1.*	>1.									
114 e	1,3.	1,1.									
Hauptrev.	1,45.	1,74.		2,7.	2,63.		4,23.	4,35.		—	—
Cranzahler Wald	1,37.	1,3.		2,43.	2,0.		3,7.	4,1.		1,86.	2,35.
Ges. Rev.	1,43.	1,64.		2,59.	2,32.		4,1.	4,22.		1,86.	2,35.

Anmerkung: Die mit * versehenen Bestände wurden von der Revision 1923 nicht gesondert bonitiert. In diesen Fällen ist die Bonität der Probefläche auf den ganzen Bestand übertragen worden.

Tabelle 5.

Gesamtdurchschnitts= bonität	des Reviers	der aufgeforsteten Fläche ohne Rücksicht auf Größe der Einzelflächen	Überlegenheit der aufgeforsteten Fläche
unter Zugrundelegung der Ermittlungen der Taxationsrevision i. J. 23 Schw. 90			
Hauptrevier	2,6.	2,24.	+ 0,36
Cranzahler Wald	2,74.	2,03.	+ 0,71
Gesamtrevier	2,66.	2,15.	+ 0,51

Tabelle 6.

Flächengruppe	Standortsbonität der Aufforstungsflächen unter Berücksichtigung der Einzelflächengrößen		Überlegenheit der aufgeforsteten Fläche über den Durchschnitt des Reviers nach Schw. 1890
	nach Taxat.-Revif. 23 nach Schw. 1890	nach den Probeflächenaufnahmen 1927 n. Schw. 02	
anmoorige Böden 60,32 ha	1,38.	1,57.	+ 1,28
Moorböden 22,99 ha . . .	2,45.	2,26.	+ 0,21
Böden mit Staunäffe 14,07 ha	3,81.	3,81.	— 1,15
nicht vernaßte Gneisböden 8,32 ha	1,47.	1,76.	+ 1,19
Gesamtaufforstungsfläche 105,7 ha	**1,95.**	2,04.	**+ 0,71**

flächen. Korrekterweise muß die Vergleichung jedoch unter Zugrundelegung der Flächengrößen erfolgen, für die die aufgeführten Standortsbonitäten Geltung haben.

Um diesen in Tabelle 6 gebrachten Vergleich für eine genügend große Fläche durchführen zu können, wird die ermittelte Bonität des Hiebsrestes auf die Flächen ausgedehnt, die bis zum Schlag mit dem heute noch vorhandenen Hiebsrest in einer Unterabteilung vereint waren, und deren Schlagergebnisse gleichfalls ein solches Vorgehen gerechtfertigt erscheinen lassen. Bei dem, was einleitend über die sächsische Bestandesausscheidung gesagt wurde, dürfte dieses Verfahren keine entscheidenden Fehlerquellen in sich schließen. Auf diese Weise werden erfaßt für den Vergleich

60,32 ha von der Gruppe der anmoorigen Böden,
22,99 ha   „   „   „   „   Moorböden,
14,07 ha   „   „   „   „   Böden mit Staunäffe,
8,32 ha   „   „   „   „   nicht vernaßten Gneisböden.

105,70 ha insgesamt, unter Ausschluß des Bärensteinkomplexes, der mit seinem Basaltuntergrund einzig im Revier dasteht.

Rund 40 ha von den zusammenhängenden aufgeforsteten Blößen sind 1927 bereits vollkommen geschlagen und ohne Hiebsreste. Nach den Schlagergebnissen und der Angabe der am Schlag beteiligten Waldarbeiter gehörten diese Bestände (bef. in den Abteilungen 30, 31, 39) unbedingt zu den überdurchschnittlichen bis sehr guten des Reviers. Der Bodenbeschaffenheit nach sind sie zu rund zwei Drittel der Gruppe der anmoorigen Böden, zu einem Sechstel der moorigen und zu einem Sechstel der Gruppe der nicht vernaßten Gneisböden zuzuweisen. Ihre Mitberücksichtigung würde die errechnete Durchschnittsbonität der Aufforstungsflächen keinesfalls drücken, vermutlich noch um ein Geringes heben. Eine Reihe kleiner aufgeforsteter Räumden und Blößenflächen, die bereits geschlagen sind, und deren Hiebsergebnisse nicht gesondert gebucht wurden, müssen bei den Untersuchungen und Vergleichen ganz unberücksichtigt bleiben.

Die Tatsache der Überlegenheit der aufgeforsteten Flächen bedarf aber noch weiterer kritischer Untersuchungen. Im folgenden gebe ich einen Überblick über die Höhenlage aller Untersuchungsflächen auf aufgeforsteten Räumden und Blößen.

In einer Höhenlage von über 900 m liegen 3 Flächen

    „   „   „   „ 850—900 m   „   4   „

    „   „   „   „ 800—850 m   „   14   „

    „   „   „   „ 750—800 m   „   6   „

    „   „   „   „ 700—750 m   „   2   „

    „   „   „   „ unter 700 m   „   0   „

Diese Übersicht zeigt, daß die Aufforstungsflächen nicht nur flächenhaft gleichmäßig über das Revier, sondern auch gleichmäßig über die Höhenstufen gemäß ihrer Ausdehnung verteilt sind.

Da die Überlegenheit der Aufforstungen vor allem auf der hohen Durch=schnittsbonität der anmoorigen Böden beruht, ist in Tabelle 7 ihre Durch=schnittsbonität mit derjenigen der anmoorigen Waldbodenvergleichsflächen aufgeführt.

Tabelle 7.

Durchschnittsbonität der anmoorigen Aufforstungsflächen	Auf Grund der Ermittlungen der Revis. 23 nach Schw. 1890		
	Durchschnittsbonität der anmoorigen Waldbodenvergl.=Flächen		
	insgesamt	mit gut geschloss. Vorbestand	mit schlecht ge=schloss. Vorbestand
1,43.	2,32.	1,55.	3,1.

Die aus Tabelle 7 zu ersehende Tatsache, daß die Vergleichsflächen mit gut geschlossenem Vorbestand nur wenig, diejenigen mit schlecht geschlossenem Vorbestand dem Durchschnitt der Aufforstungsflächen aber sehr stark unter=legen sind, wird vor allem interessant im Zusammenhang mit der Beob=achtung, daß die besten Aufforstungsergebnisse auch nicht auf den Räumden, sondern auf Vollblößen erzielt wurden. Die drei Bestände mit über I. Bonität, 48 d, 49 a und 100 b III stocken auf langjährigen Vollblößen.

Alle durchgeführten Vergleiche erweisen die Über=legenheit der Aufforstungsbestände im Bezug auf Höhenwuchsleistung über die Waldbodenbestände. Dieses Ergebnis erhält eine wesentliche Stütze durch Vergleich der gegen=wärtigen Bonität der Aufforstungsflächen mit der gegenwärtigen Bonität derjenigen 21 Bestände des Reviers, die 1831 mit über 80 jährigen Be=ständen bestockt waren und heute wieder über 60 jährige Bestände aufweisen. Diese Bestände gehören alle zum Typ „anmoorige Flächen" oder „Gneis=

böden ohne Wasserüberfluß". Sie können also nur mit den entsprechenden
Bodentypen der Aufforstungsbestände verglichen werden. Dies ist in
Tabelle 8 geschehen.

Tabelle 8.

Durchschnittsbonität der aufgeforsteten anmoorigen und Normalgneisflächen	Durchschnittsbonität der 21 altbestockten Vergleichsbestände		
	insgesamt	mit gut geschloss. Vorbestand (10)	mit schlecht geschloss. Vorbestand (11)
1,44.	2,42.	1,91.	2,89.

Nach den Ermittlungen der Revis. 1923 nach Schw. 1890.

Der Vergleich zeigt aber auch hier wiederum die Überlegenheit der
Aufforstungsbestände und weiterhin, daß die Nachfolgebestände
schlecht geschlossener Althölzer am wenigsten leisten.

Da die Aufforstungsbestände vorwiegend auf moorigen oder anmoorigen Böden
stocken, könnte man einwerfen, daß ihr Vergleich mit dem Gesamtrevier deshalb ohne
wesentliche Beweiskraft sei, weil das Revier zwar mit großen Flächen, aber doch nicht
überwiegend den anmoorigen oder Moorböden zuzurechnen ist. Dagegen ist aber zu
sagen, daß auch die auf nicht vernaßten Gneisböden aufgeforsteten Bestände in ihrer
Standortsbonität nur um 0,09. Bt. unter den auf anmoorigen Böden aufgeforsteten
Beständen liegen. Dieser Gruppe der nicht vernaßten Gneisböden gehört aber der größte
Teil des Reviers an. Es ist also auch mit dem oben angeführten Einwand der große
Unterschied der Reviergesamtbonität zu der Durchschnittsbonität der Aufforstungs=
flächen nicht erklärbar.

Alle möglichen Vergleichsaufstellungen führen immer wieder zu dem
Schluß, daß die erste Generation auf Räumden und auf
Blößen den Beständen auf alten Waldbodenflächen im Bezug
auf Höhenwuchsleistungen überlegen ist.

VIII. Zusammenfassung der Ergebnisse.

1. Die am Höhenwachstum gemessen besten Altholzbestände
des Reviers Neudorf stocken auf langjährigen Vollblößen=
flächen (Abt. 100 b, 48 d, 49 a).

2. Nach den Ermittlungen des Einrichtungswerkes von 1923 liegt
die Durchschnittsbonität aller Aufforstungsbestände um 0,71 Bonität nach
Schw. 1890 über der Durchschnittsbonität des Gesamtreviers. Die an=
moorigen Aufforstungsflächen zeigen sich ihren Waldbodenvergleichsflächen
um 0,89 Bt. überlegen.

3. Die Aufforstungsbestände auf anmoorigen und nicht vernaßten
Gneisböden liegen in ihrer Bonität um 0,98 Bt. über der heutigen Altholz=
durchschnittsbonität derjenigen 21 Bestände der gleichen Bodengruppen, die
1831 mit über 80 jährigen Althölzern bestockt waren.

4. Die Überlegenheit der Aufforstungsflächen kann nicht damit erklärt werden, daß sie in bevorzugter Höhenstufe liegen. Sie sind sehr gleichmäßig nach Fläche und Höhenstufe über das ganze Revier verteilt.

5. Diejenigen Flächen, die 1831 mit wenig gut geschlossenen Althölzern bestockt waren, zeigen heute im Bezug auf Höhenwuchsleistung die relativ schlechtesten Resultate.

6. Mißerfolg zeigt die Aufforstung nur auf Flächen mit stagnierender Nässe.

7. Trotz primitiver Akkordpflanzung auf den vollkommen verwilderten Böden, sind auf allen Flächen die Bestände sofort gut angewachsen. Auf wenigen Stellen nur forderten Frostschäden umfangreichere Nachbesserungen.

8. Die auffallende Tatsache, daß auf den vergrasten und vernaßten Riesenkahlflächen Frostschäden nicht stets verheerend auftraten, läßt sich vielleicht mit der Verwendung einheimischen Pflanzenmaterials, oft ausgestochene Anflugfichten, erklären.

9. Die Kosten für Inbestandbringung sind am heutigen Geldwert gemessen gering und liegen nur dort über dem Normalen jener Zeit, wo umfangreiche Entwässerungen sich nötig machten.

10. Auf anmoorigen Böden zeigen die a u f g e f o r s t e t e n B e s t ä n d e a u f f ä l l i g g e r i n g e r e D u r c h w u r z l u n g s t i e f e als die Bestände auf standortsähnlichen Waldbodenflächen. Die Folge der geringeren Durchwurzlungstiefe ist eine gesteigerte Gefährdung durch Windwurf.

11. Der Befund in den Bodeneinschlägen der anmoorigen Flächen zeigt weiterhin, daß hier ein mehr oder weniger großer Teil des W a l d h u m u s im Verlaufe der Freilage i n H u m u s d e r V e r w i l d e r u n g s f l o r a ü b e r f ü h r t worden ist, eine Abnahme der Stärke der Humusschicht ist aber damit nicht parallel gegangen.

12. Die Räumden auf nicht vernaßten Gneisböden zeigen nach der Beschreibung von 1830 als Verwilderungsflora Heidelbeeren, Preißelbeeren und Heide. Der Humuszustand, den man bei solchem Befund als schlecht anzusprechen gewöhnt ist, hinderte aber rasches und nachhaltiges Wachstum der nachfolgenden Bestände nicht. Auf diesen Flächen findet sich im Altholz heute durchweg Oxalis=Flora.

13. Trotz der langen Freilage hatte sich auf den Räumdenflächen des Moortyps und des anmoorigen Typs teilweise natürliche Verjüngung eingefunden, die dann zur Aufforstung mit herangezogen wurde. Die vollständige natürliche Bestandesneubildung ist auf solchen Flächen vermutlich nur durch die ausgiebige Viehhutung verhindert worden.

14. Ein auffällig gesteigerter Trametes=Befall der Aufforstungsbestände ist nicht zu beobachten. Ein einziger Aufforstungsbestand (17 a) weist relativ viele rotfaule Stämme auf.

Nikolsdorf.

I. Aus der Geschichte des Reviers.

Das Sächsische Staatsforstrevier Nikolsdorf (bis 1924 Königstein) dankt wesentliche Besonderheiten der Festung Königstein, die es umschließt. In Kriegszeiten mußte das Revier stets sehr starke, meist verwüstende Eingriffe in seinen Holzbestand erleiden, und Aufforstung und Revierpflege litten gleichfalls sehr stark unter dem Kriegstrubel. Dazu kommt, daß das Revier zum größten Teil an dicht besiedelte Bauernfluren angrenzt, so daß es unter Forstdiebstahl, Waldweide und Streunutzung stets sehr viel zu leiden hatte. Die erste eingehende Beschreibung des Reviers bringen die „Königsteiner Forstrefiersnachrichten" von 1765. Dieses Aktenstück gibt eine Übersicht über das, was der Siebenjährige Krieg dem Revier nahm und über das, was er ihm ließ. Alle geschlagenen und gelichteten Orte werden aufgeführt und eine kurze Beschreibung der dem Kriege zum Opfer gefallenen Bestände geliefert. Daraus geht hervor, daß das „Koblicht" und die „Breite Heide" mit den darunter liegenden Abteilungen 52—59 völlig abgetrieben worden sind. Im Norden der Festung am Kalkberg, wurden ebenfalls große Schläge geführt, doch wird sowohl hier als auch im Koblicht und in den unteren Partien der Breiten Heide 1765 bereits wieder Jungwuchs gemeldet. Die eigentliche Breite Heide, Abt. 56—59 und ein Teil von 52, überläßt man sich selbst. Die Altholzvorräte des Reviers sind 1765 sehr gering, die wenigen vorhandenen Altholzbestände lückig und der besten Stämme beraubt. Die nächste zusammenfassende Nachricht über den Revierzustand ist das „Protokollum über die eingetretenen Kriegstrubel, sowohl zur Verproviantierung und Verschanzung der Festung Königstein und Dresden vom Königsteiner Revier abgegebenen Hölzer u. w. b. m. de ao. 1809 de ao. 1813". Daraus geht hervor, daß enorme Holzmassen an folgenden Orten entnommen wurden: im Koblicht, auf den Nikolsdorfer Wänden, im NW der Festung, an der Hundspfütze, auf der Eule (Abt. 48).

Abgesehen von einem Streifen im Koblicht, zeigt die älteste Karte von 1817 an allen diesen Orten schon wieder Jungwuchs (in der Regel Inbestandbringung durch Fi-Ki-Saaten), weiterhin ersieht man aber aus dieser Karte, daß die Breite Heide seit 1756 immer noch eine großflächige Räumde ist. Die einzigen Bestände, die den Siebenjährigen und den Napoleonischen Krieg unbeschädigt überstanden, fanden sich auf der Hillmertsleithe und auf der Kirchleithe. Aus der Beschreibung von 1830 geht hervor, daß hier die einzigen einwandfreien Althölzer von Fi, Ta, Bu, Ei waren.

Das Taxationswerk von 1830 enthält sehr eingehende Standorts= und Bestandsbeschreibungen für jede einzelne Abteilung, dazu stets Massen= schätzung und Ertragsregelung. Das Schneisennetz von 1830 bildet noch heute die Grundlage der räumlichen Ordnung des Reviers.

Aus den Erläuterungen zum Abschätzungswerk von 1830 sind die Be= merkungen über die Streunutzung beachtenswert. Immer wieder trifft man auch schon in älteren (1813) und in vielen späteren Aktenstücken Klagen über eine ungemein intensive und schädliche Streunutzung. So im Bericht von 1830: „— in den der Streunutzung und Entwendung mehr ausgesetzten Teilen ist der Boden hingegen sehr heruntergekommen und mitunter ganz untragbar geworden. Namentlich die Breite Heide enthält wohl gegen 83 ha solchen gänzlich verödeten Boden, und im ganzen genommen ist wenigstens für 40 Jahre hinaus die Produktionsfähigkeit des Reviers auf 1,96 fm pro Hektar zu veranschlagen. — Wenn übrigens ein künftiges Gedeihen dieser Waldteile (gemeint sind Koblicht und Breite Heide) zu hoffen stehen soll, so muß die Entnahme der Bodenstreu, welche bisher darauf stattgefunden hat und noch stattfindet, gänzlich eingestellt werden, wie es denn überhaupt sehr zu bedauern ist, daß eine solche Abgabe der Bodenstreu auch auf den übrigen Revierteilen stattfindet." 1844 werden zwar die Streunutzungs= rechte auf dem Revier abgelöst, aber in den Jahren 1863, 76 und 93 wird wegen „Hitze= und Trockenjahren, Notjahren der Landwirtschaft" noch aus= nahmsweise Bodenstreu abgegeben. Es ist überaus bemerkenswert, daß 1893 die Streu bittenden Bauern alle mit Ausnahme eines einzigen hinter ihrer Unterschrift unter das Gesuch folgende Bemerkung setzen: „Aus der Breiten Heide oder dem Koblicht, sonst Verzicht." Da weiterhin bei allen Streu= sachenberichten und Abgabeausweisen diese beiden Orte bei weitem am häufig= sten erwähnt werden, darf man als sicher annehmen, daß sie dank ihrer bequemen, flachen Geländeausformung und der Nähe mehrerer Ortschaften stets weit stärker als andere Revierteile heimgesucht worden sind. Der Re= visionsbericht 1864 fordert demzufolge, die am stärksten streugenutzten Re= vierteile Koblicht und Breite Heide aus der Reihe der produktiven Flächen auszuscheiden.

Das Kriegsjahr 1866 bringt um die Festung herum wieder gewaltige Kahlschläge. Ein Teil der Kahlfläche wird in Feld verwandelt, der Rest sofort wieder aufgeforstet. Ab 1866 bis heute geht die Entwicklung des Reviers einen von größeren Katastrophen nicht unterbrochenen stetigen Gang.

Die Durchschnittsbestandsbonität des Reviers nach Preßler wurde 1924 auf 3,89. geschätzt. Die Durchschnittsbonität der Althölzer liegt aber weit tiefer:

IV. Altersklasse = 4,3. Bt.
V.   „   = 4,36. Bt.
VI.   „   = 4,7. Bt.

II. Das Klima des Reviers.

Nach den Beobachtungen der Station Cunnersdorf 250 m über NN von 1886 bis 1905: Mittlere Jahrestemperatur 7,9°; Mittlere Julitemperatur 17,2°; mittlere Januartemperatur —1,4°; mittlerer Jahresniederschlag 766,5 mm; mittlerer Niederschlag der Monate Mai—September 400 mm = 52% des Jahresniederschlages.

III. Allgemein geologisch-bodenkundliche Verhältnisse des Reviers.

  51,24 ha der Revierfläche gehört dem Alluvium,
 159,67 ha „   „   „   „ Diluvium, an,
1213,92 ha „   „   „   zur Quadersandsteinformation.

Zum Alluvium gehören die Sohlen der tiefeingeschnittenen Bachtäler. Es sind beste Fi-Standorte. Die Lößlehmflächen des Diluviums sind vorwiegend mit Ei bestockt. Im Gebiet der Quadersandsteinformation (Brongniartiquader) wechselt die Standortsgüte schroff mit Änderung von Exposition und Geländeausformung. Hierher gehören die zahlreichen dürren, flachgründigen, ausgeblasenen Hochflächen des Reviers.

Der Boden im Brongniartigebiet ist deutlich in Horizonte gegliedert. 8—30 cm Bleichsand wird unterlagert von einem 8—35 cm starken Anreicherungshorizont, der mitunter als fester Ort ausgebildet ist. Der Bleichsand ist meist schwach, selten stark humos, mitunter humusfrei. Der Humusgehalt ist in diesen Sandböden von größter Bedeutung für die Wuchsleistung. Die Durchwurzelung ist überall sehr tiefgehend, meist bis auf den in 1—1,5 m Tiefe anstehenden Fels.

IV. Die untersuchten Bestände.

Geologisch gehören sämtliche untersuchten Flächen der Brongniartiquadersandsteinformation an.

A. Im Koblicht Abt. 65: Flächen ohne längere Freilage, Waldbodenvergleichsbestände zu den Aufforstungsbeständen der Breiten Heide, die gleichfalls stark durch Streunutzung betroffen wurden wie diese.

Bestandsgeschichte: 1756 erfolgt Kahlschlag durch preußische Truppen, der Vorbestand war „schlagbar Mittel- und Stangenholz an Ki, Fi und Ta, und einige alte Ei". 1765 finden sich auf der Fläche Bi, Fi, Ki, einige Ei und Ki Überhälter. 1817 wird ein 45—60jähriger Ki-Bestand gemeldet.

1830: 59 a, „Ki 65—70jährig, Beschaffenheit kurzwüchsig, sonst gut, Wachstum mittelmäßig; Schluß gut, teils zu licht. Meist nur schwach mit Heide und Preißelbeersträuchern bewachsen."

1854—57 geben Kahlschläge 98,5 fm pro Hektar. 1855—58 erfolgt Jnbestand=
bringung teils durch Ki=Saat, teils durch Fi=Pflanzung. 1868 werden 2 Acker mit Ki
nachgebessert. 1926 ergibt ein Kahlschlag auf dem stärker lehmigen Feldanteil 107,5 fm
pro Hektar.

Probeflächen: (Alter Waldboden).

1. Schwach geneigter Nordhang. Sehr räumbiges, kurzwüchsiges Ki=
Altholz mit einigen unterwüchsigen Fi. Bodenflora: Meist nur mit Nadeln
bedeckt, einzelne Büschel von Heidelbeere, Preißelbeere, Heide und Aira
flexuosa, sehr selten etwas Calamagrostis epig;— schwach anlehmiger Sand;
Durchwurzelung stets bis in den C=Horizont. A=72; M St. h=12,5 m,
d=19,6 cm; 4,3. Bt. Schw. 08.

2. Exposition, Jnklination, Bodenflora, Bestand genau wie Fläche 1.
A=72; M St. h=12 m, d=17,6 cm; 4,4. Bt. Schw. 08.

B. In der Breiten Heide: Die Breite Heide ist eine dürre, überaus
windexponierte, allseitig freistehende Hochfläche, mit Steilabfall nach drei
Seiten.

Allgemeine Bestandsgeschichte der Breiten Heide.

1765: 1. Höllengrund bis zum Breiten Stein (heute Abt. 54, 55, 56 b). 1756 und 57
durch die Preußen vollkommen kahlgeschlagen. Der Vorbestand war „schlagbar Holz"
gewesen. 1765 findet sich hier „was junger Wuchs von Ki und Fi" und einige alte Ki,
Ei und struppichte Fi. 2. Die Gegend an der Straße hin bis über den Hohen Stein
(heute Abt. 52 i, m, Rest von Abt. 56 und Abt. 57—59). Im Jahre 1760 und 61 durch
die k. k. Truppen vollkommen kahlgeschlagen. Der Vorbestand war „etwas an schlag=
baren Ki und Fi, auch Mittelholze, das mehrste aber unwüchsig von diesem". 1765 stehen
noch einige „struppichste Ki"; „von jungem Wuchs ist hin und wieder etwas angeflogen".

1817: Breite Heide, Abt. 61, 58,16 ha (heute Abt. 56—59 und 52 i, m). „Räumde
mit 50—60 jährigen Ki, im ersten Jahrzehnt abzutreiben und wieder mit Ki zu ver=
jüngen." 1821—25 wird die abgetriebene Räumdenfläche mit Ki angesät.

Die einzelnen Abteilungen.

Abt. 54 d. Waldbodenvergleichsfläche ohne längere
Freilage. Geneigter NNO=Hang.

Bestandsgeschichte 1830: 51 d, 11,82 ha. „50—80 jährige Ki mit Fi, horstig Fi,
einige 30—50 jährige Ta. Beschaffenheit überhaupt kurzwüchsig, Wachstum größtenteils
gering, auch sehr gering. Schluß sehr ungleich, dabei licht. Mit Moos, Heidelbeer=
sträuchern, Heide, etwas Farrenkräutern und Preißelbeersträuchern größtenteils stark
bewachsen, von ersteren stellenweis verfilzt und verangert, mit Nadeln nur schwach
bedeckt."

1845—53 geben Kahlschläge einen Ertrag von 155 fm pro Hektar. 1846—54
erfolgt wieder Jnbestandbringung durch Ki und Bi=Saat, auf 0,83 ha Fi=Beisaat.
1857 wird 0,55 ha mit Fi=Pflanzen nachgebessert.

Probefläche 1927: Größe 6,7 a. Lichter, kurzwüchsiger Ki=Bestand mit
einigen Bi. Bodenflora: mit Adlerfarn und Heidelbeere mehr oder weniger
dicht bewachsen, vereinzelt Aira flexuosa, Calamagrostis epig. und Preißel=
beere, Dicranum, Hypnum Schreberi, etwas Sphagnum. In den Einschlägen
stehen nach wenigen Sekunden Pfützen über dem Fels. A=75; n=1490;
G=40 qm; M St. h=13,2 m, d=18,5 cm; 4,2. Bt.

Die Aufforstungsbestände der Breiten Heide
(vergl. allgem. Bestandsgeschichte der Breiten Heide; 1756 und 60 kahlgeschlagen, um 1825 als Blöße aufgeforstet).

Abt. 56. Geneigter N-Hang, lehmiger Sand.

Bestandsgeschichte. 1830: Abt. 53, 8,72 ha. „5—12 jährige Ki, größtenteils mittelmäßig, stellenweise schlecht, horstig gut. Mit Heide, worauf Moos, Flechten, Preißelbeersträucher und horstig Farrenkräuter folgen, größtenteils stark, auch sehr stark
bewachsen."

1830 erfolgen Nachbesserungen mit 2—3 jährigen Ki und 1835 mit Ki-Ballen-
pflanzen. 1908 gibt ein Kahlschlag auf 1,45 ha 100 fm pro Hektar, 1916 auf 1,79 ha
125,3 fm pro Hektar.

Probeflächen. 1. Größe 8 a. Gut geschlossener Ki-Bestand mit einer Bi
und einer Traubeneiche im Unterstand. Bodenflora: mit hohen Heidelbeer-
büschen und mit Adlerfarn dicht bewachsen, darunter Dicranum und Hypnum
Schreberi etwas Aira und Calamagrostis epig. —

A=100; n=1250; G=40 qm; M St. h=15,5 m, d=20,25 cm; 4,2 Bt.

2. In flacher Mulde. Wenig gut geschlossene Ki-Bestand mit einigen
Bi und zwischenständigen Fi. Bodenflora: stark bewachsen mit Aira flexuosa,
Heidelbeere und Adlerfarn, häufig Büschel von Calamagrostis epig., etwas
Rhamnus frangula. — Tief und gleichmäßig durchwurzelter sandiger Lehm.
A=100; M St. h=19,5 m, d=24 cm; 3,2. Bt.

Abt. 57.

Bestandsgeschichte. 1830: Abt. 54, 12,28 ha. „5—10 jährige Ki, gegenwärtig größtenteils ziemlich gut, teilweise nur mittelmäßig und stellenweise buttig; einzelne krüppelhafte 40—70 jährige Ki. Schluß größtenteils gut, stellenweise sehr unvollkommen. Besonders mit Heide, worauf Preißelbeersträucher, Flechten etwas Moos, Heidelbeersträucher und vermischt Farrenkäuter folgen mehr und weniger dicht bewachsen."

1832 erfolgt Räumung der überhälter. 1835 werden 2,2 ha mit Ki-Ballen-
pflanzen ausgebessert, Feinerde wird herangetragen und jeder Einzelpflanze mit Moos
gegen Vertrocknen bedeckt. 1895 ergibt ein Kahlschlag auf 0,72 ha 90 fm pro Hektar,
1908 auf 1,53 ha 86 fm pro Hektar und 1917 auf 1,82 ha 91 fm pro Hektar.

Die 1927 aufgenommene Probefläche in 57 a, im schlechtesten Teil der
Abteilung. Schwach geneigter O-Hang, etwas kuppig aufgewölbt. Größe
7,08 a. Kurzer, krüppeliger Ki-Altholzbestand, Schluß licht. — Bodenflora:
meist nur mit Nadeln bedeckt, einzelne Heidel- und Preißelbeersträucher. —
Feinerdefreier Sand.

A=100; n=1415; G=20,7 qm; M St. h=9,2 m, d=13,65 cm; unter 5. Bt.

Abt. 58.

Bestandsgeschichte. 1830: 55 a, 10,14 ha. „4—6 jährige Ki, gegenwärtig größtenteils gut mittelmäßig, einzelne krüppelhafte 40—70 jährige Ki. Schluß sehr unterbrochen, horstig gut. Mit Heide und Preißelbeersträuchern, Flechten und vermischt
durch Heidelbeersträucher bewachsen."

1832 erfolgt Räumung der Überhälter und 1837 Nachbesserung mit Ki. 1896 ergibt ein Kahlschlag auf 0,92 ha 41,3 fm pro Hektar; 1908 auf 2,36 ha 73,0 fm pro Hektar, 1919 auf 3,35 ha 89,0 fm pro Hektar.

Probefläche, geneigter O=Hang. Größe 7,6 a. Kurzwüchsiges Ki=Altholz, Schluß befriedigend. Bodenflora: vorherrschend Heidelbeere mit etwas Preißelbeere. — Mehr oder wenig stark humoser Sand.

A=100; n=1315; G=35,2 qm; M St. h=12 m, d=18,5 cm; 5. Bt.

Abt. 59 b.

Bestandsgeschichte. 1830: 56 a, 13,74 ha. „2—5 jährige Ki teils mittelmäßig, teils buttig und schlecht, stellenweis gegenwärtig hoffnungsvoll, einzelne 40—70 jährige, krüppelhafte Ki. Mit Heide und Preißelbeersträuchern, Flechten und vermischt durch Heidelbeersträucher bewachsen."

1833 erfolgt Räumung der Überhälter, 1837 Ausbesserung mit 2 jährigen Ki. 1896 gibt Kahlschlag auf 1,26 ha 42 fm pro Hektar, 1908 auf 2,15 ha 60,5 fm pro Hektar, 1919 auf 3,46 ha 84,5 fm pro Hektar.

Probeflächen. 1. Im durchschnittlichen Teil des Bestandes; fast eben; im höchsten Teil der Breiten Heide gelegen. Größe 8,68 a. Schlecht geschlossener Ki=Altholzbestand. Bodenflora: meist nur mit Nadeln bedeckt, Büschel von Heidel= und Preißelbeere. — Schwach humoser Sand.

A=100; n=1150; G=27,5 qm; M St. h=12,3 m, d=17,45 cm; 5. Bt.

2. Probefläche in einer auffallend besseren Partie des Bestandes; fast eben; stark dem Winde exponiert. Größe 11,5 a. Nach Schluß und Wuchs befriedigendes Ki=Altholz, eine Traubeneiche im Unterstand. Bodenflora: überall dicht von Adlerfarn, Heidelbeere, Aira flexuosa und Büscheln von Calamagrostis epig. bewachsen. — Tiefgründiger, frischer, ungegliederter sandiger Lehm oder mit Humus reich und innig gemischter Sandboden. Wachstum des Bestandes und Bodenflora zeigt diese Unterschiede des Bodens innerhalb der Probefläche 2 nicht an.

A=100; n=876; G=36,6 qm; M St. h=16,2 m, d=23,15 cm; 4. Bt.

Abt. 52 l.

Bestandsgeschichte. 1830: 49 f, 8,78 ha. „2—4 jährige Ki, einzelne 40—70 jährige Ki; dürftig, stellenweise schlecht, Schluß schlecht. Mit Heide, Flechten, Preißelbeeren, horstig Farren nicht stark bewachsen."

1833 erfolgt Räumung der Überhälter. 1911 ergibt Kahlschlag auf 1,15 ha 100 fm pro Hektar, 1919 auf 1,61 ha 115,5 fm pro Hektar.

Probeflächen. 1. Im extrem schlechten Teil des Bestandes; flach auf= gewölbte Kuppe. Sehr schlechtes Ki=Altholz, Schluß räumdenartig. Boden= flora: meist nur mit Nadeln bedeckt, wenige lockere Büschel von Heide, Heidel= und Preißelbeere. —

A=100; M St. h=9,7 m, d=13,5 cm; unter 5. Bt.

2. Im Normalteil des Bestandes: Kurzwüchsiges Ki=Altholz, Schluß etwas licht. Bodenflora: mit Adlerfarn, Heidel= und Preißelbeere mehr oder weniger dicht bewachsen. — Boden: Es zeigt sich, daß unter dichter Boden=

flora der Boden stets beträchtlichen Humusgehalt aufweist und daß dieser unter den vegetationsfreien Stellen im Boden ganz oder fast ganz fehlt. Diese hier auf kleinstem Raum besonders auffällige Erscheinung konnte im großen im Brongniartgebiet überall und immer wieder beobachtet werden.

A=100; M St. h=12,4 m, d=15,85 cm; 5. Bt.

V. Gegenwärtige Räumden= und Blößenflächen.

Blößige und räumbige Flächen Bauernwaldes, die zwischen Koblicht und Breiter Heide liegen, zeigen folgende Bilder: Wenige weit verrottete Stümpfe lassen auf ziemlich lange Freilage schließen. Schon in leicht hän=gigen Lagen zeigen Stellen, die von Flora nicht gedeckt sind, starke Ab=schwemmung des Feinbodens, je selbst des groben Sandes. An besonders ungünstigen Stellen wird auf diese Weise der nackte Fels freigelegt. Der abgeschwemmte Boden wird in beträchtlichen Mengen durch die Bodenflora der gedeckten Partien aufgehalten. Die Bodenuntersuchungen zeigen mit eindringlicher Regelmäßigkeit, daß unter Heidelbeere und Adlerfarn stets eine meist beträchtliche, 5—12 cm starke Humusschicht anzutreffen ist. Heide siedelt auch auf reinem Sand, aber nur an Stellen, die durch Ausformung des Geländes gegen Abschwemmung gesichert waren. Der Humus verrät noch deutlich seine Abstammung von Ki=Nadelstreu, ist locker und krümelbar und beweist, daß an diesen Stellen eine Abschwemmung nicht statt=gefunden hat.

VI. Zusammenstellung der Ergebnisse.

1. Die Flächen des Koblicht und der Breiten Heide, die heute durch=weg mit reinen Ki=Beständen von unbefriedigenden bis schlechten Wuchs=leistungen bestockt sind, weisen 1756 noch beträchtliche Wachstumsunterschiede auf. Das Koblicht und die Abteilungen 56 b und 54 d sind 1756 befriedigend bestockt mit Ki=Fi, Ta, Ei. Der Rest der Breiten Heide, Abt. 57—59 und 52 1, m weist schon 1756 nur unwüchsige Ki=Bestockung mit einzelnen Fi auf.

1924 schätzt das Einrichtungswerk alle diese Bestände auf 5. Bestands=bonität nach **Preßler**.

2. Die bei genauerer Untersuchung auf diesen Flächen heute doch noch festzustellenden Standortsunterschiede gehen **parallel dem Fein=erdegehalt im Boden und dem Grad der Windexpo=niertheit, unbeeinflußt durch die Grenzen der freige=legenen zu den altbestockten Flächenteilen** (s. Fig. 2). Art und Üppigkeit der Bodenflora ist in ihrer Zusammensetzung und Dichte gleich=falls nur vom Feinerdegehalt, besonders vom Humusgehalt abhängig.

4. Eine Verschwemmung des Bodens auf den Flächen, die dank ge=nügenden Humus= oder Feinerdegehaltes von Flora gedeckt sind, hat an=scheinend auch bei Fehlen des Bestandes nicht stattgefunden. Ungedeckter

Fig. 2.

Nikolsdorf. Zusammenstellung aller Probeflächen in Gruppen nach Standortseigenschaften und Vergleich ihrer Wuchsleistungen.

Die Bäumchen geben die Höhen der Kreisflächenmittelstämme, die Blocks die Stammgrundfläche pro Hektar der einzelnen Probeflächen an im 100. Jahre der Bestände.

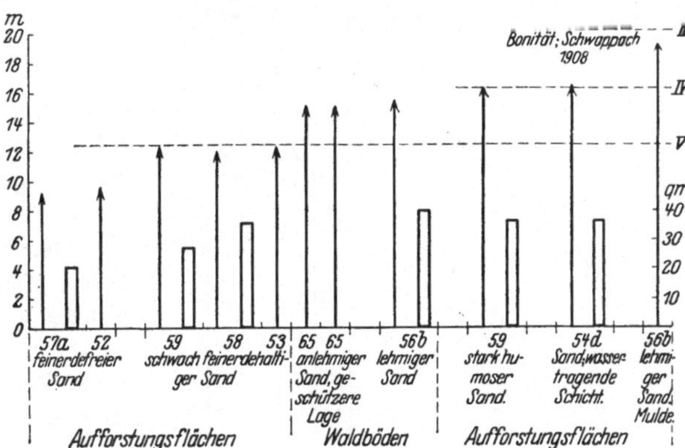

56 b ist Aufforstungsfläche, 54 d ist Waldboden.

Boden kann aber bei Freilage durch Abschwemmung an Gründigkeit stark einbüßen.

5. Im großen und ganzen sind die feinerdefreien und damit durch Bodenflora nicht gedeckten Flächen am flachgründigsten, doch geht die Bestandesgüte nicht unbedingt mit der Gründigkeit parallel.

6. Das hoffnungsvolle Wachstum der Kulturen und Dickungen 2. Generation auf der Breiten Heide läßt den Schluß zu, daß durch den Kahlschlagbetrieb der Humusabbau zunächst nicht ungünstig beeinflußt wird.

7. Die Stammanalysen zeigen auf Aufforstungsflächen und Waldflächen ein überaus schlechtes Jugendwachstum, das noch unter dem Normalen ihrer schließlich erreichten Altholzbonität liegt.

8. Der Kreisflächenschluß ist auf der Breiten Heide meist besser, als der Höhenbonität nach den Schw. Tafeln von 1908 entspricht (s. Fig. 2). Als Erklärung für diese Erscheinung darf man die windexponierte Lage betrachten, die das Höhenwachstum mehr als das Stärkenwachstum hemmt und schädigt.

9. Die Inbestandbringung hat überall sehr große Schwierigkeiten geboten.

10. Eine starke Minderung der Standortsgüte durch die Streunutzung allein ist nach allen Beobachtungen eindeutig erwiesen. Bei den 1756 noch befriedigend bestockten Flächen des Koblicht, denen eine längere Freilage nicht nachzuweisen ist, wirkt sich der Rückgang begreiflicherweise schärfer und deutlicher aus, als bei den schon 1756 unbefriedigend bestockten Abteilungen der Breiten Heide. Inwiefern die Freilage allein oder in Verbindung mit

Fig. 3.

Nikolsdorf. Wachstumsgang der gefällten Kreisflächenmittelstämme in Durchschnittskurven nach Flächengruppen zusammengefaßt.

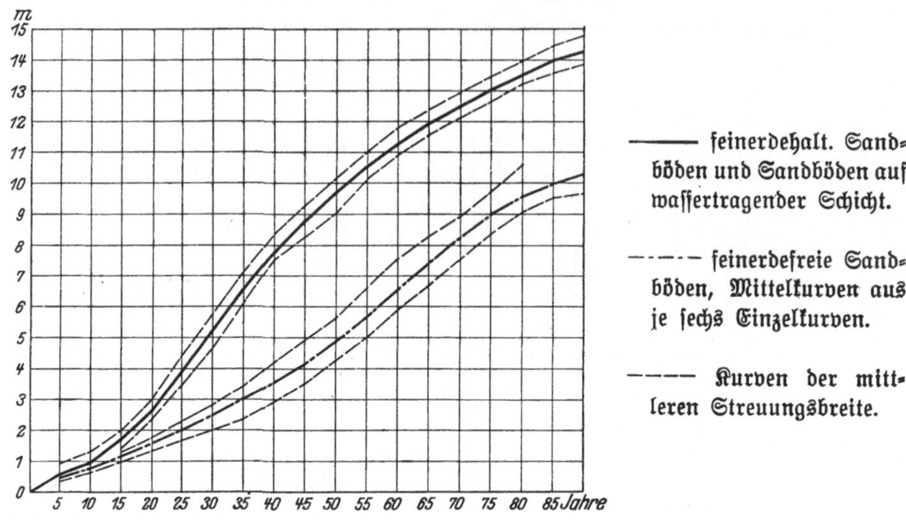

Streunutzung in Nikolsdorf gewirkt hat, läßt sich leider nicht ermitteln, weil die betroffenen Flächen durch die gleichzeitige überaus starke Streunutzung so sehr beeinflußt wurden, daß Einflüsse der Freilage allein auf die Standortsgüte unkenntlich werden.

11. Bei Durchführung einer pfleglichen Wirtschaft kann man erwarten, daß die Bonität der Breiten Heide auch in den jetzt noch trostlos erscheinenden Teilen auf das Niveau der Probefläche II in Abt. 59 c gebracht werden kann, daß mit einer IV. Bonität als Durchschnitt allerdings auch der Höhepunkt erreicht sein dürfte. Einige vorhandene Exemplare von Traubeneiche und die Angaben der Bestandsgeschichte über diese Holzart lassen es als möglich erscheinen, daß sie auf der Breiten Heide wieder eingebürgert werden kann, wenn auch nicht als nutzholztüchtige, so doch als bodenpflegliche Mischung.

Fischbach.

I. Aus der Reviergeschichte.

Die erste Vermessung, Kartierung, Einteilung und Beschreibung des Reviers erfolgte im Jahre 1810. Da diese Aufnahme nicht allen Ansprüchen genügte, nahm man im Jahre 1842 eine Neuaufnahme vor. Das damals eingelegte Schneisenetz hat noch heute Gültigkeit. Die Größe des Reviers betrug 564 ha. Als Hauptholzart wird die Ki, Fi nur als „verputtete Mischung" gemeldet. 1842 werden 49,5 ha Hutungs und Laßwiesenflächen zum Holzboden geschlagen und zur Aufforstung bestimmt. Im Laufe der

Zeit werden noch weitere 4,65 ha Wiesenflächen aufgeforstet, nachdem auch schon 20 Jahre früher 10—12 ha aufgeforstet worden waren, wobei man die beetartig formierten Auswürfe der Rinnen besäte. Das Revisionsprotokoll berichtet 1842 über die daraus hervorgegangenen Bestände: Diese Bestände gehören zu den vorzüglichsten des Reviers und nach ihnen zu schließen würde ein derartiges Verfahren auch jetzt wieder rätlich sein." Trotz dieses Erfolges wird späterhin bei diesen Aufforstungen fast ausschließlich Pflanzung angewendet. 1842 und späterhin wird Klage geführt über Streunutzungsschäden, obwohl Streuabgabe schon seit 20 Jahren unterbunden war. Im Vergleich zu anderen Revierteilen scheint aber gerade der Fischbacher Wald durch Streuentnahme weniger ausgeplündert und geschädigt worden sein. 1901 meldet der Revisionsbericht, daß „die Schäden der Streunutzung nahezu völlig verschwunden" sind.

Sehr interessant ist es, wie in den Revisionsberichten abwechselnd Fi oder Ki als anbauwürdigste Holzart empfohlen wird, und auf welche Weise man, allerdings meist erfolglos, gleichwertige Mischung beider Holzarten zu erreichen sucht. Versuche mit Laubholzanbau sind erst in jüngster Zeit vorgenommen worden, und ein Urteil über den Erfolg ist deshalb nicht möglich. Doch steht fest, daß Laubholz an der Urbestockung wesentlichen Anteil hatte.

II. Das Klima des Reviers.

Die durchschnittliche Höhenlage des Fischbacher Waldes beträgt 260 m über NN, bei fast ebener Geländeausformung und sehr geringen Höhenunterschieden. Das Klima gleicht in allen wesentlichen Zügen demjenigen des Reviers Nikolsdorf.

III. Allgemein geologisch-bodenkundliche Verhältnisse des Reviers.

Der Fischbacher Wald gehört geologisch vorwiegend zum Diluvium, in beträchtlichen Teilen auch zum Alluvium. Das immer wiederkehrende Grundschema des diluvialen Profils ist wie folgt: Eine wenige Zentimeter starke Decksandschicht, noch ziemlich reich an tonigen und lehmigen Bestandteilen, ist unterlagert von einer dichten, schwer durchlässigen Geschiebelehmschicht. Diese Befunde erklären die außerordentlich wechselnden Wasserverhältnisse; rasch auftretende, stärkste Vernassung und Überschwemmung kann nach wenigen Tagen wieder vollkommen normaler Durchfeuchtung, ja Trockenheit Platz machen. Die Fi durchdringt die unterlagernde Geschiebelehmschicht nie, die Ki sehr selten, Windwurf bei Ki ist auf diesen Böden fast ebenso häufig wie bei Fi.

Die Böden, auf die sich die Untersuchungen erstrecken, zeigen durchweg eine unter Wirkung wenigstens zeitweise gestauter Nässe entstandene Vergrauung des Bodens mit Linsen und Streifen von Fe-Anreicherung, sind molkenbodenähnlich und im allgemein bodenkundlichen Sinne als gleibodenähnlich zu bezeichnen, weil es sich nicht um Grundwasser, sondern um Oberflächenwasserstauung handelt (47). Die Auflagehumusschicht ist mäßig stark, auf den Waldbodenflächen durchweg deutlich stärker als auf den Wiesenflächen. Die Wiesenbestände zeichnen sich auch stets durch Vorhanden= sein einer 12—20 cm mächtigen, stark humosen Mineralbodenschicht aus, die lockere, krümelige Struktur zeigt.

IV. Die untersuchten Bestände.

Wiesenzwischenbau ist nicht dasselbe wie einfache Freilage. Nach den Ergebnissen bodenkundlicher Forschung sind aber die wesentlichen Folgen des Wiesenzwischenbaues und der einfachen Freilage für die Struktur des Waldbodens, seine Dichte, Durchlüftung und Lagerung die gleichen. Burger z. B. betont ausdrücklich, daß Waldboden bei Freilage bald auf „Dauerwiesenniveau" anlangt. Da es sich bei den Fischbacher Aufforstungs= wiesen zudem um extensiven Wiesenbau gehandelt hat, meist waren es nur Hutungswiesen, erscheint die Behandlung im Rahmen der vorliegenden Arbeit gerechtfertigt.

Es liegt nahe, zu vermuten, daß in der Regel nur besonders geeignete Flächen nach dem Abtrieb den Bauern als Hutung oder Wiese überlassen (Laßwiese!) wurden. In der Tat laufen die alten Wiesen=Waldgrenzen teilweise streng mit geologischen Grenzen zusammen: Bachalluvium zu Diluvium. Deshalb war das auf den anderen Revieren übliche Aufsuchen von geeigneten Vergleichsflächen hier besonders schwierig, und auch nach sorgfältigster Auswahl und genauer Überprüfung der bodenkundlichen Gleichwertigkeit wage ich die Wachstumsergebnisse der drei aufgenommenen Waldbodenvergleichsflächen nicht in direkten Vergleich zu denjenigen der Wiesenflächen zu stellen, um Schlüsse daraus zu ziehen. Aus einem Ver= gleich des äußeren Bodenzustandes dagegen ist es wohl möglich, sich ein Bild von der Wirkung der Wiesenzwischenformation auf die Bodenstruktur zu machen. Dagegen wird versucht, der Wirkung des Wiesenzwischenbaues auf das Wachstum nachfolgender Bestände durch Vergleichung von Wachstums= gang und Wachstumsergebnissen erster und zweiter Aufforstungsgenerationen auf die Spur zu kommen. Exposition und Inklination ist für alle Flächen eben oder fast eben.

Abt. 67 d, Ki=Fi=Mischbestand 1. Generation auf Wiese; lehmiger Diluvialsand.

Bestandsgeschichte. 1819 wird die Fläche als Laßwiese q und 1842 als Fi, Ki, Erl=Jungwuchs mit einzelnen Ah bezeichnet, Größe 4,86 ha. 1845 werden 2,2 ha mit Ki nachgebessert.

Die 1928 aufgenommene Probefläche: Größe 23,75 a. Sehr guter Ki= Fi=Mischbestand, Fi teils vorherrschend, teils im Zwischenstand Schluß ziem= lich gut. Bodenflora: Aira flexuosa und Calamagrostis Hal. herrschend, dazwischen Oxalis eizl. Binsenbüschel, Heidelbeere und etwas Rhamnus frangula. —

Alter des Bestandes 88 Jahre, Fi soweit herrschend ungefähr 75= bis 85jährig; Stammzahl pro Hektar 767, davon Ki 557 und Fi 210; Stamm= grundfläche pro Hektar 40,4 qm, davon Ki 29,8 qm und Fi 10,6 qm; Kreisflächenmittelstamm: Fi h=21 (18—30) m, d=25,3 (15—47) cm; Ki h=24,3 (20—25) m, d=26,15 (16—40) cm; Bonität für Ki Schw. 08: 1,3.

Abt. 68 f, Ki=Fi=Mischbestand auf Wiese 1. Generation; leh= miger Diluvialsand.

Bestandsgeschichte. 1899 wird die Fläche zur Laßwiese q gerechnet und wird 1843, 45 und 50 nach und nach durch Ki=Pflanzung in Bestand gebracht. 1851 werden zum erstenmal Fi gemeldet, 1901 wird die Fi zum erstenmal als mitherrschend bezeichnet.

Probefläche: Größe 22,26 a. Sehr guter Ki=Fi=Mischbestand, Schluß gut. Bodenflora: Aira flexuosa und Calamagrostis Hal. herrschend, häufig Heidelbeere, sehr viel Rhamnus frangula und 25—30 jähriger Fi=Anflug.

n=897, davon Ki 627, Fi 270; A=85; G=50,8 qm, davon Ki 34,3 qm und Fi 16,5 qm; M St. Fi h=25,8 m, d=27,65 cm; Fi h=23,2 m, d=26,2 cm; Bonität für Ki Schw. 08: 1,7.

Fig. 4.

Fischbach Abt. 68 f. Wachstumsgang der sechs Analysenstämme.

Ki=Fi=Mischbestand auf Wiese, 1. Generation. Ki=Pflanzung, Fi später angeflogen.

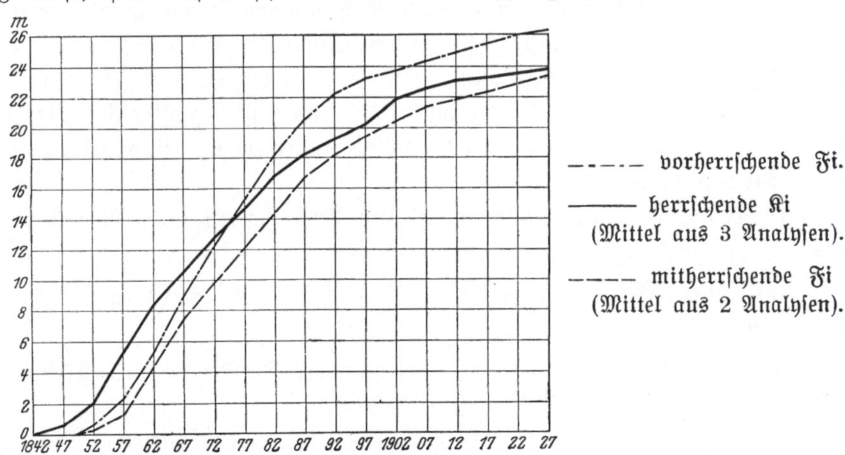

Abt. 68 g, Waldbodenvergleichsfläche zu 68 f, unmittel= bar an dieses anschließend; lehmiger Diluvialsand.

Bestandsgeschichte. 1819: 3 e, 1,98 ha. „30—35 jährige Ki, Schluß und Be= schaffenheit größtenteils gut, mit 4,13 fm pro Hektar zu durchforsten."

Probefläche: Größe 12,4 a. Sehr lichter, guter Altki=Bestand mit zwischenwüchsigen Fi. Bodenflora: Aira flexuosa und Heidelbeere, an vielen Stellen nur mit Nadeln bedeckt. — Unter den Ki=Stämmen gehen starke Wurzeln bis 1,30 m Tiefe, aber überall sind die Wurzeln, die tiefer als 30 cm reichen, abgestorben. In 25—30 cm Tiefe steht das Grund=wasser an (Mai 1928).

A=145; n=588, davon Ki 427 und Fi 161; G=39,8 qm; davon Ki 33,7 qm und Fi 5,9 qm; Fi h=17 m, d=21,6 cm; Ki h=24,6 m, d=31,75 cm; 2,7. Bonität für Ki.

Abt. 59 a, Ki=Bestand, teilweise Ki=Fi=Mischbestand auf Wiese 1. Generation; alluviale Sande, eben.

Bestandsgeschichte. 1849—50 wird die Laßwiese i mit Ki=Pflanzen in Bestand gebracht. 1861 wird zum erstenmal auch Fi gemeldet.

Probeflächen. 1. Im Gebiet mit normaler Wasserführung: Größe 9,1 a, guter Ki=Bestand mit zwischenwüchsigen und unterwüchsigen Fi, im Bereich der Probefläche keine mitherrschenden Fi. Bodenflora: vollkommen verwildert von Aira flexuosa und Calamagrostis Hal., an den Gräben oft Schilf, sehr viel Rhamnus frangula, einzeln Rubus.

A=78; n=912; G=43,19 qm; M St. h=21,9 m, d=24,55 cm; 1,8. Bt. für Ki.

2. im Gebiet mit stagnierendem Wasser: Offenbar wirkt hier die Stau=nässe nicht so gleichmäßig hemmend, wie z. B. auf den Neudorfer Stag=nationsflächen. Die von der Witterung stark abhängigen, sehr wechselnden Wasserverhältnisse des Reviers wirken sich auch auf dieser Stagnationsfläche aus. Das Wachstum ist im großen und ganzen befriedigend, aber un=regelmäßig, und als Folge der nassen Sommer 1923 bis 1927 treten Stockungen und Absterbeerscheinungen auf. Der Bestand ist ein lichtes Ki=Fi=Bi=Altholz, die Fi ist gut gewachsen, doch sind zahlreiche dürr, auch Ki sind z. T. dürr und haben oft schlechte Stammform. Bodenflora: Gras und Binsen aber kein Schilf. —

A=Ki 78, Fi nach Jahrringen und Bohrspänen etwa 60; M St. Ki h=17,5 m, Fi h=18,5 m; Bonität für Ki: 3,2.

Abt. 59 cc, Fi=Dickung 1. Generation auf Wiese, Boden wie 59 a, eben.

Bestandsgeschichte: 1910 wird die 1,78 ha große Dienstwiese durch Fi=Pflanzung in Bestand gebracht. 1912 sind 0,5 ha nachzubessern.

1928: sehr wüchsige Fi=Dickung, mit einigen Frostlöchern. Mittelhöhe nach Messungen und Probefällungen geschätzt auf 6,5 m, Alter 17 Jahre. Die Dammerdeschicht ist hier vollkommen schwarz und sieht aus wie stark humose Gartenerde. Bonität für Fi Schw. 02: 1.

Abt. 70 g, Fi=Bestand 1. Generation auf Wiese, lehmiger Diluvialsand.

Bestandsgeschichte. 1876 wird die 2,82 ha große Dienstwiese durch reihenweise Fi=Ki Mischpflanzung in Bestand gebracht. 1891 werden nur noch einzelne Ki, 1918

Fig. 5.

Fischbach Abt. 59a.

Ki=Fi=Mischbestand auf Standort mit Staunässe. Ki=Pflanzung, Fi später angeflogen.
1. Generation auf Wiese.

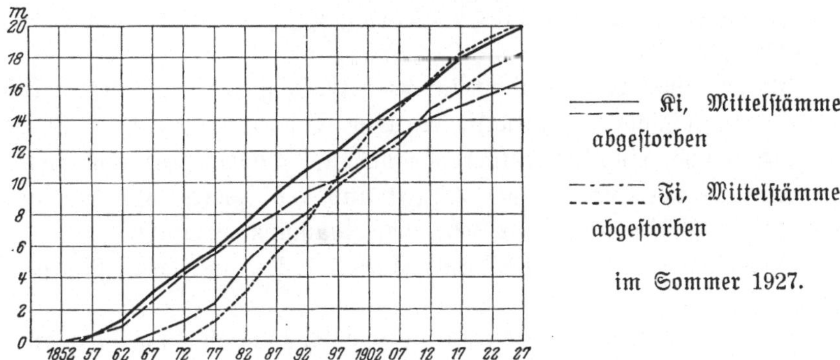

nur noch einige Ki gemeldet. 70 g ist das einzige Altholz, das als Mischbestand auf Wiese begründet wurde. Die Überlegenheit der Fi stellt sich bereits nach 15 Jahren heraus. Von einem Krankheitsbefall (Schütte o. ä.) der Ki, der den Vorsprung der Fi erklären könnte, ist aus den Akten nichts zu entnehmen.

Probefläche: Größe 7,87 a. Sehr wüchsiger, gut geschlossener Fi=Bestand, einige mitherrschende Ki. Bodenflora: unter geschlossenem Bestand keine Flora, in größeren Bruchlücken tritt neben Calamagrostis Wiesen=gras, Rubus, Brennessel, Disteln und Kräuter auf. — A=51; n=1400; 46 qm; M St. h=20,8 m, d=20,5 cm; Bonität für Fi Schw. 02: 1,2.

Abt. 70 h, unmittelbar an 70 g anschließend, Fi = Bestand 2. Generation auf Wiese, lehmiger Diluvialsand.

Bestandsgeschichte. 1845 wird die Laßwiese mit Ki in Bestand gebracht. 1892 ergibt ein Kahlschlag 320 fm Ertrag pro Hektar, das bedeutet 1. Bonität nach Schw. 08. 1893 wird die Fläche als 70 h wieder mit Fi=Pflanzen in Bestand gebracht, 1897 erfolgen geringe Nachbesserungen.

1928: Wüchsiges Fi=Stangenholz. Bodenflora fehlt. — Die Damm=erdeschicht ist hier und in Abt. 70 i durchweg weniger dunkel als in 70 g, Nadelstreu und Auflagehumusschicht sind dafür stärker. Der Humus der Dammerdeschicht wird im Laufe der Bestockungsepoche nach und nach auf=gezehrt, dafür lagert sich wieder Waldhumus auf.

A=35; M St. h=13,5 m, d=12,5 m; Bonität für Fi Schw. 02: 1,2.

Abt. 70 i, unmittelbar an 70 h anschließend, Fi = Dickung 2. Generation auf Wiese, lehmiger Diluvialsand.

Bestandsgeschichte bis 1891 wie 70 h. 1903 ergibt ein Kahlschlag 360 fm pro Hektar, auch das bedeutet 1. Bonität nach Schw. 08. 1904 erfolgt wieder Inbestand=bringung durch Fi=Pflanzung, 2 a taugliche Fi=Vorwuchshorste werden in die Kultur mit einbezogen. 1906 werden 0,12 ha mit Fi=Pflanzen nachgebessert.

1928: Wüchsige Fi=Dickung in Reinigung. Bodenflora fehlt.

A=23; nach Schätzung an Hand von Probefällungen: Standortsbonität Schw. 02: 1,3.

Abt. 77 r, Ki-Bestand 1. Generation auf Hutungsfläche, alluvialer Schwemmsand.

Bestandsgeschichte. 1844 wird die 7,95 ha große Hutungsfläche durch Ki-Pflanzung in Bestand gebracht

Probefläche: Größe 10,39 a. Ki-Altholz, gut, Schluß etwas licht, mit vielen unterwüchsigen Anflugfi, einzelne Traubeneichen und Bergahorne im Unterwuchs, einzelne mitherrschende Bi. Bodenflora: von Heidelbeere und Aira flexuosa vollkommen verfilzt und verwildert, dazu Calamagrostis Hal., etwas Preißelbeere und sehr viel Rhamnus frangula. —

A=83; n=742; G=42,7 qm; M St. h=21,5 m, d=27,05 cm; Bonität für Ki Schw. 08: 2,2.

Abt. 77 m, Waldbodenvergleichsfläche zu 77 r, an das es unmittelbar anschließt.

Bestandsgeschichte. 1819: 14 h, Ki 80—90 jährig, Schluß und Beschaffenheit gering mittelmäßig, meistens mit schwachem Gras und Heide und Nadeln bedeckt. 1837—38 erfolgt Kahlschlag und 1839 Inbestandbringung mit Ki und Fi-Pflanzen. 1861 wird Fi bereits als unterdrückt gemeldet.

Probefläche: Größe 10,38 a. Guter Ki-Altholzbestand mit unterwüchsigen Fi, Schluß licht. Bodenflora: etwas Aixa flexuosa und Heidelbeere, sonst meist nur mit Nadeln bedeckt.

A=88; n=588; G=28,9 qm; M St. h=20,8 m, d=25 cm; Bonität für Ki Schw. 08: 2,7.

Abt. 77 a, Fi-Bestand 2. Generation auf Hutungsflächen. Geologie wie 77 r.

Bestandsgeschichte bis 1893 wie 77 r. 1893 ergibt ein Kahlschlag 400 fm pro Hektar, das bedeutet über 1. Bonität für Ki Schw. 08. 1894 erfolgt wieder Inbestandbringung durch Fi-Pflanzung, 1899 wird etwas nachgebessert.

Probefläche: Fi-Dickung fast gereinigt, Boden nur mit Nadeln bedeckt, Flora fehlt. Alter 33 Jahre; nach Probemessungen und Fällungen Mittelhöhe auf 9 m geschätzt; Bonität für Fi Schw. 02: 3.

Abt. 76 a, Ki-Bestand 1. Generation auf Hutungsfläche.

Bestandsgeschichte. 1843 wird die aufgegebene Hutung mit Ki-Pflanzen in Bestand gebracht. 1861 werden 0,55 ha mit Fi-Pflanzen nachgebessert.

Probefläche: Größe 15,8 a. Gutes Ki-Altholz mit unterwüchsigem Fi-Anflug. Bodenflora: von Aira flexuosa und Heidelbeere vollkommen verwildert, sehr viel Rhamnns frangula.

A=84; n=613; G=34,7 qm; M St. h=23 m, d=26,85 cm; Bt. für Ki Schw. 08: 1,8.

Abt. 63 g, Ki-Altholz 1. Generation auf Wiese, alluviale Sande mit 2—5 dm Moor bedeckt.

Bestandsgeschichte. 1848—49 wird die Laßwiese n durch Ki-Pflanzung in Bestand gebracht. 1851 werden zum ersten Male Fi gemeldet.

Probefläche: Größe 17,85 a. Guter Ki-Altbestand mit unterwüchsigen und zwischenwüchsigen Fi, außerhalb der Probefläche Fi häufig mitherrschend. Bodenflora: Aira flexuosa und Calamagrostis Hal. herrschend, dazwischen Polytrichum und Oxalis, sehr viel Rhamnus frangula.

A=79; n=592; G=29,7 qm; M St. h=23,7 m, d=25,25 cm; Bonität für Ki Schw. 08: 1,4.

Abt. 62 g, Ki - Altholz 1. Generation auf Wiese. Geologie: alluviale Sande.

Bestandsgeschichte. 1846—47 wird Laßwiese r durch Ki-Pflanzung in Bestand gebracht. 1861 werden zum ersten Male einzelne Fi und Bi gemeldet.

Probefläche: Größe 10,64 a, ziemlich lichter, guter Ki-Altholzbestand, unterwüchsige und zwischenwüchsige Fi, einzelne Fi und Bi mitherrschend. Bodenflora: Aira flexuosa und Calamagrostis Hal. herrschend, dazwischen Oxalis, sehr viel Rhamnus frangula.

A=80; n=742; G=38,6 qm; M St. h=24,5 m, d=25,75 cm; Bonität für Ki Schw. 08: 1,3.

Abt. 62 a, Fi - Bestand 2. Generation auf Wiese; alluviale Sande von 2—3 dm Moorerde bedeckt.

Bestandsgeschichte bis 1892 wie 62 g. 1892 ergibt ein Kahlschlag 250 fm pro Hektar = $^1/_2$ Bestandsbonität nach Schw. 08. 1894 wird die Fläche durch Fi-Pflanzung in Bestand gebracht.

1928: Gutwüchsiges, junges Stangenholz, Boden nur mit Nadeln bedeckt. — A=33; Höhe des Kreisflächenmittelstammes nach Messungen und Probefällungen geschätzt auf 9,30 m; Bonität für Fi Schw. 02: 2,1.

Abt. 58 f, Ki - Fi - Mischbestand 1. Generation auf Wiese, lehmiger Diluvialsand.

Bestandsgeschichte. 1843 wird Laßwiese p mit Ki und Bi in Bestand gebracht, 1847 wird Fi nachgebessert.

Probefläche: Größe 18,89 a. Sehr guter Ki-Altholzbestand mit truppweise beigemischten Fi, dazu unterwüchsige Anflugfi. Bodenflora: von Calamagrostis Hal. vollkommen vergrast, sehr viel Rhamnus frangula.

A=84; n=620, davon Fi 192 und Ki 428; G=36,28 qm, davon Fi 11,48 und Ki 24,8 qm; M St. Fi h=23,3 m, d=27,85 cm, Ki h=23,8 m, d=27,15 cm; Bonität für Ki Schw. 08: 1,6.

Abt. 66 e, Waldbodenvergleichsfläche zu 58 f. Geologie: lehmiger Diluvialsand.

Bestandsgeschichte. 1819: 20—40 jähriger Ki-Bestand mit Fi-Unterwuchs, Schluß und Beschaffenheit gut mittelmäßig. 1847 gibt ein Kahlschlag 250 fm pro Hektar. 1848 wird die Fläche mit Ki und Bi in Bestand gebracht, bereits 1851 wird sie als Ki-Fi-Bestand mit einzelnen Bi beschrieben.

Probefläche: Größe 20,19 a. Sehr guter Ki-Fi-Mischbestand mit unterwüchsigen und zwischenwüchsigen Fi. Bodenflora: vollkommen vergrast, Rhamnus frangula fehlt. —

A=80; n=851, davon Ki 650 und Fi 201; G=31,5 qm, davon Ki 24,5 qm und Fi 7,0 qm; M St. Fi h=20,4 m, d=21,1 cm, Ki h=20,4 m, d=21,9 cm; Bonität für Ki Schw. 08: 2,4.

Abt. Reservestück III im Revierteil Harthe; Geschiebesand, an der Oberfläche verlehmt.

Bestandsgeschichte: Reservestück III wurde angekauft als 0,12 ha Ki-Altholz und 0,13 ha Wiese. Altholz und Wiesenfläche liegen mit gradliniger Grenze nebeneinander. 1909 wird das Ki-Altholz geschlagen, Ertrag pro Hektar 150 fm, das Alter des Bestandes wurde mit 60—70 Jahren angegeben. Es handelt sich also um einen schlechten, wahrscheinlich lückigen und streugenutzten Bestand. 1910 wird die kahlgeschlagene Fläche durch Fi-Pflanzung in Bestand gebracht, desgleichen 1911 die angrenzende Wiesenfläche durch Fi-Rasenhügel-Pflanzung. 1912 folgen geringe Nachbesserungen mit Fi auf der Wiesenfläche. 1919 wird die alte Holzbodenfläche mit Ki überpflanzt.

Die beiden Flächen zeigen 1928 folgendes Bild: Alter Holzboden. Kiefernkultur mit vollkommen verputteten Fi, zwischen den Pflanzreihen Heidekraut. Alte Wiesenfläche: Fi-Dickung, sehr wüchsig, mit einigen angeflogenen sehr guten Ki, Bodenflora fehlt. Um einen zahlenmäßigen Vergleich der Leistungen beider Flächen zu bekommen, wurden von den aneinandergrenzenden 4 Pflanzenreihen die Gesamthöhen der Einzelpflanzen gemessen. Ergebnis:

	Holzboden		Wiesenboden	
	h	Alter	h	Alter
arithmetische Mittelhöhe aller Ki	2,7 m	8	5,25 m	? (Anflug)
arithmetische Mittelhöhe aller Fi	1,18 m	17	4,85 m	16

V. Gesamtüberblick über die Untersuchungen auf sämtlichen Flächen im Fischbacher Wald.

Aus dem in Tabelle 9 gegebenen Überblick ist zu ersehen, daß die Fi-Bestände 2. Generation denjenigen 1. Generation auf Wiesen in bezug auf Höhenwuchsleistungen unterlegen sind.* Die Überlegenheit der 1. Generationen beruht auf einem nachhaltig rascheren Jugendwachstum, die Kulmination des Höhenwachstums tritt erst später ein.

In den Ki-Fi-Mischalthölzern, die, soweit sie auf Wiesenflächen stocken, entweder durch nachträgliches Einfliegen der Fi in reine Ki-Kulturen entstanden oder durch Nachbesserung von Fi, stellen die Fi die Maximalhöhen und Stärken des Bestandes. Das Jugendwachstum dieser Anflugfichten ist überaus rasch und übertrifft in der Regel dasjenige des Ki-Grundbestandes (s. Fig. 4 u. 5.)

---

* In den jungen Beständen der 2. Generation wurden nicht mittlere, sondern herrschende und vorherrschende Bestandesglieder analysiert.

Tabelle 9.

Flächengruppe	Abt.	Alter des Best.	Holzarten: mit denen der Bestand begründet wurde	Holzarten: die 1928 den Bestand bildeten	Standortsbonität 1929 für Fi n. Schw. 1902	Ki n. Schw. 1908	Fichte Max h in m	Fichte Max d in cm	Kiefer Max h in m	Kiefer Max d in cm	nach den gefällten 33 Kreisflächenmittelstämmen (Höhenwachstumsgang): Jahrfünft in dem der größte laufende Zuwachs eintritt	durchschnittlicher jährlicher laufender Zuwachs in diesem Jahrfünft	erreichte Gesamthöhe am Schluß dieses Jahrfünfts
Ki=Althölzer 1. Generation auf Wiese	62g	80	Ki	Ki, ei. Fi, Bi	—	1,3.	—	—	28,5	41	2.	57 cm	4,65 m
	59a	78	Ki	Ki, ei. Fi, Bi	—	1,8.	—	—	24,5	35	—	—	—
	63g	79	Ki	Ki, ei. Fi, Bi	—	1,4.	—	—	26	37	—	—	—
	76a	84	Ki	Ki, ei. Fi, Bi	—	1,8.	—	—	26	37	—	—	—
	77r	83	Ki	Ki.ei Bi,Fi=Utw.	—	2,2.	—	—	24,5	33	3.	58 cm	6,00 m
Ki=Fi=Misch=althölzer auf Wiese 1. Generation	58f	84	Ki	Fi, Ki	—	1,6.	27	39	24,5	39	—	—	—
	59a	78	Ki	Fi, Ki	—	3,2.³	22	—	20	—	Fi 5. Ki 3.	55 cm 34 cm	8,35 m 2,80 m
	67d	88	Ki	Fi, Ki	—	1,3.	30	47	25,5	41	Fi (2.)¹ Ki (4.)	(70 cm) (68 cm)	(4,80 m) (9,00 m)
	68f	85	Ki	Fi, Ki	—	1,7.	30	47	28	39	Fi 3. Ki 3.	67,6 cm 62,6 cm	6,90 m 7,27 m
Fi=Bestände 1. Generation auf Wiese	59cc	17	Fi	Fi	1.	—	8	—	—	—	4.²	65,4 cm	6,80 m
	70g	51	Fi, Ki	Fi	1,2.	—	24	33	—	—	5.	67 cm	10,90 m
	Ref. III	16	Fi	Fi (Ki)	1.	—	5,60	—	6	—	—	—	—
Fi=Bestände 2. Generation auf Wiese n. Ki	62o	33	Fi	Fi	2,1.	—	10	—	—	—	4.	36 cm	4,50 m
	70h	35	Fi	Fi	1,2.	—	15,5	19	—	—	4.	50 cm	7,80 m
	70i	23	Fi	Fi	1,3.	—	10,5	—	—	—	4.	42,6 cm	5,80 m
	77a	33	Fi	Fi	3.	—	11,5	—	—	—	3.	29,4 cm	3,80 m
Waldboden=vergleichs=bestände	66e	77	Ki, Fi	Ki. Fi	3.	2,4.	24	35	23	32	—	—	—
	68g	145	Ki	Ki	—	2,7.	19	28	28	39	—	—	—
	77m	88	Ki	Ki	—	2,7.	—	—	24	34	—	—	—
	Ref. III	17	Fi (Ki)	Ki, Fi=Utw.	4,5.	—	2,4	—	3,4	—	—	—	—

[1] Geklammert geführte Zahlen beruhen auf zu geringen Untersuchungsgrundlagen. — [2] Bestand erst 20 Jahre alt, höchster lfd. Zuwachs noch nicht erreicht. — [3] Stagnierende Nässe.

Den Kenner des Fischbacher Waldes muß diese letztere Tatsache besonders überraschen. Seit Jahrzehnten bemüht man sich hier vergebens, gleichmäßig auf der Kahlfläche begründete Ki-Fi-Mischbestände zu erziehen. Der regelmäßige Erfolg war ein baldiges Überwachsen der Fi durch die Ki. Die Fi spielt dann als Unter- und Zwischenstand eine Rolle von recht zweifelhaftem Wert. Die überraschende Lösung des Problems ohne Mitwirkung des Wirtschafters auf Wiesenflächen und nur auf diesen, weist zusammen mit der Tatsache, daß der einzige als Ki-Fi-Mischkultur auf Wiese begründete Bestand durch baldiges Überwachsen der Ki zum reinen Fi-Altholz wurde, m. E. daraufhin, daß im Fischbacher Wald **Wiesenzwischenbau auf das Fi-Wachstum von größerem Einfluß ist, als auf das Wachstum der Ki.** Auf einem Flächenpaar (Reservestück III) zeigt sich sogar, daß nur auf der Wiesenfläche erfolgreicher Fi-Anbau überhaupt möglich ist. Angesichts der schnurgeraden, schematischen Abgrenzung und der nur in 2—3 m Entfernung von einander vorgenommenen Vergleichsmessungen, ist Einwirkung ursprünglicher Standortsunterschiede so gut wie ausgeschlossen. Da Reservestück III aber angekaufter Bauernbesitz ist, wäre es möglich, daß die Waldbodenfläche durch Streunutzung geschädigt wurde und deshalb die Überlegenheit des Wiesenbestandes wenigstens z. T. auch daraus zu erklären wäre.

Neben den schon erwähnten Nachlassen der zweiten Fi-Generation auf Wiese, entkräftet das Vorherrschen der Ki in Ki-Fi-Mischkulturen 2. Wiesengeneration den Einwand, daß das Vorherrschen der Fi in den Wiesenbeständen 1. Generation lediglich auf ursprüngliche Standortsunterschiede hinweise. Aus schon eingangs gewürdigten Gründen verzichte ich, abgesehen vom Fall Reservestück III auf direkten Vergleich von Wiesenaufforstung mit Waldbeständen, und lege der Feststellung, daß alle sorgfältig gewählten Waldbodenvergleichsbestände geringere Wuchsleistungen als die Aufforstungsbestände zeigen, nur insofern Wert bei, als sie nicht in Widerspruch zu den vergleichenden Untersuchungen in Aufforstungsbeständen 1. und 2. Generation stehen.

VI. Zusammenstellung der Ergebnisse.

1. Als Folge von längerem Wiesenzwischenbau wird eine oberste Schicht von 12—25 cm des Mineralbodens durch absterbende Gramineen-Wurzeln innig mit Humus durchsetzt. Diese Dammerdezone ist von lockerer krümeliger Struktur.

2. Im Laufe der folgenden Bestockungsepoche wird diese Dammerdezone heller durch Aufzehren des Humus. Die Schicht des Waldauflagehumus bildet sich gleichzeitig wieder und wird immer stärker.

3. Auf dem Vorhandensein dieser Dammerdeschicht scheinen wesentliche Wirkungen des Wiesenzwischenbaues auf das Wachstum nachfolgender Bestände in den beschriebenen Lagen zu beruhen.

4. Reichliches Auftreten von Anflugfichten ist im Fischbacher Wald streng an die alten Wiesenbestände 1. Generation gebunden.

5. Gleichzeitige und gleichmäßige Mischung von Fi und Ki bei der Bestandsgründung führt auf der Wiesenfläche 70 g zu reinem Fi-Altholz durch baldiges Überwachsen der Ki.

6. Rein begründete Ki-Kulturen führten auf Wiese zu Fi-Ki-Mischalthölzern, wenn innerhalb der ersten zwei Jahrzehnte des Bestandes Fi anflog oder nachgebessert wurde. In solchen Beständen stellt die Fi die Maximalhöhen und -stärken (Abt. 58 f, 59 a, 67 f, d, 68 f, 63 g, 76 a).

7. Nach dem zweiten Jahrzehnt ankommender Fi-Anflug hält sich in Wiesenaufforstungsbeständen 1. Generation als Unter- oder Zwischenstand.

8. Die Fi-Bestände 2. Generation auf Wiese bleiben insgesamt in ihren Wuchsleistungen hinter denjenigen der Bestände 1. Generation zurück.

9. Alle wohlgeratenen Ki-Fi-Mischalthölzer stocken im Fischbacher Wald auf ehemaligen Wiesen.

10. Die wenigen reinen Fi-Althölzer stocken im Fischbacher Wald auf ehemaligem Wiesen- oder Teichboden.

11. Die Wirkung des Wiesenzwischenbaues auf das Wachstum ist erheblich größer als die Wirkung auf das Wachstum der Ki.

12. Die Durchwurzelungstiefe ist im Fischbacher Wald sowohl für Fi als auch für Ki in Beständen jeder Art sehr gering. Windwurf bei Ki ist fast ebenso häufig, wie bei Fi. Ein Einfluß des Wiesenzwischenbaues auf die Durchwurzelungstiefe ist nirgends zu beobachten gewesen.

13. Als Folgen des Wiesenzwischenbaues auf Boden und Bestandswachstum der 1. Aufforstungsgeneration sind im Fischbacher Wald somit nur günstige Wirkungen beobachtet worden.

14. Ein auffällig gesteigerter Trametes-Befall der Wiesenbestände war nicht festzustellen. Die Abt. 67 d und 68 f scheinen etwas stärker betroffen zu sein, als dem Durchschnitt des Reviers entspricht. Den Schluß unterbrechende oder die Umtriebszeit verkürzende Sterbelöcher treten aber auch hier nicht auf.

Obwohl sämtliche in Betracht kommenden Orte in die Untersuchung einbezogen wurden, sind die Schlüsse z. T. auf wenig umfangreichen Untersuchungsgrundlagen aufgebaut, sie vertragen noch weniger als alle anderen Resultate der Arbeit eine Verallgemeinerung über die Grenzen des untersuchten Reviers hinaus. Auf dem Nachbarrevier Langebrück, das ganz ähnliche geologische und klimatische Verhältnisse aufweist, wurden um 1830 gleichfalls große Wiesenflächen zugepflanzt; leider sind die Bestände 1. Generation bis auf ganz geringe Hiebsreste vollkommen geschlagen. Den Hiebsergebnissen nach sind die Bestände sehr gut gewesen. Sie wurden z. T. als 1. Bonität (nach Preßler!) geführt. Dieser Befund bedeutet eine gewisse Bestätigung der Fischbacher Resultate.

Auswertung der Ergebnisse aller Untersuchungen.

Der durch die Untersuchung festgestellte Tatbestand ist folgender: Die so oft als gefährlich betonten Folgen langer Freilage, Verwilderung, Auflagerung von Humus der Verwilderungsflora, Verringerung der physiologischen Tiefgründigkeit als Zeichen einer Zerstörung der Waldbodenarchitektonik, Verhagerung, Versumpfung sind in den Aufforstungsbeständen mehr oder weniger vollzählig und ausgeprägt tatsächlich zu beobachten und nachzuweisen.

Überraschend ist nun, daß, abgesehen von den Flächen in Nikolsdorf, wo eine Wirkung der Freilage allein nicht nachweisbar ist und abgesehen von den Flächen mit ausgesprochener Staunässe, wo Freilage eindeutig schlimme Folgen hat, die Aufforstungsresultate sowohl in Neudorf als auch in Fischbach sehr gut bis ausgezeichnet sind. Alle nur möglichen Vergleiche weisen darauf hin, daß in diesen Revieren die 1. Generation nach langer Freilage Wuchsleistungen zeigt, die denjenigen von Waldbeständen mit ursprünglich annähernd gleichen Standortsfaktoren überlegen sind.

Bemerkenswert ist weiterhin, daß trotz der enormen Verwilderung die Tendenz zur Waldneubildung auf den Blößenflächen so stark ist, daß selbst der überaus starke Vieheintrieb Ankommen und Aufkommen von Anflug nicht vollkommen verhindern kann.

Wie ist dieses scheinbare Mißverhältnis zwischen äußerem Bodenzustand und Bestandswachstum zu erklären? Es konnte nachgewiesen werden, daß die Wurzeln der Aufforstungsbestände sich besonders üppig in den Zonen des Humus der Verwilderungsflora ausbreiten und es ließ sich in Fischbach weiterhin zeigen, daß mit Aufzehrung dieses Humusvorrats die Wuchsleistungen der Bestände 2. Generation gegenüber denjenigen der 1. Generation zurückbleiben. Man kann daraus den Schluß ziehen, daß diese **Umwandlung von Nadelhumus in Humus der Verwilderungsflora der wesentliche Grund für die überraschenden Wuchsleistungen der Aufforstungsbestände ist.** Es handelt sich hier um eine Erscheinung von Fruchtwechsel, über dessen Bedeutung für die Forstwirtschaft noch wenig exakte Untersuchungen vorliegen (24). Gegen die in ihrer Verallgemeinerung unbegründete Sorge des Forstmannes vor den Folgen der Verwilderung tritt erst neuerdings wieder Sieber (48) auf. Desgleichen weisen Albert und Bernbeck günstige Eigenschaften des Heidehumus nach. Auch ich habe, abgesehen von reinen Sphagnum-Polstern, nur günstige Wirkung des Humus der Verwilderungsflora auf das Bestandswachstum beobachten können. Diese Umwandlung hat offenbar unter Umständen eine derartige Bedeutung, daß sie alle etwaigen nachteiligen Folgen der Freilage aufheben und die Gesamtbilanz für die 1. Generation aktiv gestalten kann.

Jedenfalls zeigt sich, daß lediglich aus der Beobachtung des äußeren Bodenzustandes einer langjährigen Blöße sichere Schlüsse auf die Leistungsfähigkeit des Standortes für aufzuforstende Bestände kaum möglich sind.

Ein Resultat der Untersuchung ist auch die Bestätigung der kaum bestrittenen Erfahrung, daß Freilage auf verschiedenen Standorten verschiedene Folgen zeigt. Bekannt sind die katastrophalen Wirkungen der Freilage in steilen Hanglagen, in Schutzwaldpartien; bekannt sind die meist eindeutig schlimmen Folgen in Kalkgebieten. Derartige Folgen für die Forstwirtschaft bringen die möglichen Gefahren der Freilage so eindringlich zum Bewußtsein, daß sie neben den schon gewürdigten Forschungsergebnissen der Bodenkunde die Abneigung des Forstmanns gegen Bodenentblößung zum guten Teil erklären. Auch vorliegende Arbeit zeigt, wie Kahlhieb auf Stagnationsflächen mühsam vom Wald eroberten Wurzelraum wieder preisgibt. Anderseits zeigt sich aber, daß die der langen Freilage grundsätzlich entgegengebrachten Befürchtungen nicht ohne weiteres zu verallgemeinern sind. Auf anmoorigen Gneisböden in Neudorf zeigt die erste Generation nach langer Freilage gesteigerte Wuchsleistungen. Desgleichen stocken hier beste Bestände auf den während der Freilage mit Beerkräutern und Heide verwilderten, im übrigen aber in der Bodenstruktur nicht erkennbar gewandelten, unvernäßten Gneisböden. Freigelegene Moorflächen in Neudorf lassen Schädigungen für den nachfolgenden Wald nicht erkennen. Die ehemaligen Fischbacher „Dauerwiesen" tragen die besten Bestände des Reviers.

Nicht vergessen darf man aber bei Wertung dieser Resultate, daß alle Wuchsleistungsvergleiche nur gegenüber Flächen erfolgen konnten, die im Kahlschlagbetrieb bewirtschaftet schon seit mehr als einer Generation mit reinen Nadelholzbeständen bestockt sind, und daß über die Wirkungen der Freilage für 2. und spätere Generationen Wald nur wenige Resultate zu gewinnen waren. Offenbar ist den Gefahren des Nadelholzreinbestandes für den Humushaushalt mit der Pferdekur „vollkommene Verwilderung" wirksam zu begegnen. Da aber alle Folgen dieser „Kur" auf lange Sicht nicht zu überblicken sind, bleibt sie ein bedenkliches Beginnen.

Zum Schluß ist festzustellen, daß das, was offenbar die günstige Wirkung einer langjährigen Freilage für den ersten folgenden Bestand ausmachen kann, als Folge einer nur kurzen Kahlschlagfreilage nicht in Betracht kommt. Die Umwandlung des Nadelauflagehumus in Auflagehumus der Verwilderungsflora oder eine Verwandlung in Bodenhumus durch Gramineen-Wurzeln erfordert viele Jahre.

Vom forstpolitischen Standpunkt aus kann man zusammenfassend aussagen: auf den Gneisböden des Erzgebirges und auf Diluvial- und Allu-

vialwiesenflächen der mittleren sächsischen Höhenlagen sind Aufforstun=
gen rentabel und Erfolg versprechend, sofern die Wasserführung, ins=
besondere die Vorflut normal ist. Dann steht auch schlimmste Verwilderung,
Vergrasung und Verbeerkrautung auf den Gneisböden des Erzgebirges
einem Erfolg nicht hindernd im Wege. Die Kulturausführung kann einfach
und billig sein (oft sehr gute Erfolge mit Akkordpflanzung!). Bei ver=
naßten Böden ist aber besondere Sorgfalt auf die Entwässerung zu ver=
wenden, hier darf nicht gespart werden.

Gern hätte ich noch weitere Aufforstungsergebnisse auf Erzgebirgsgneis=
böden oder Diluvialwiesenflächen anderer Reviere in die Untersuchung ein=
bezogen. Leider sind aber die Bestände, die unter Cotta zwischen 1820
und 40 in den sächsischen Revieren auf meist sehr umfangreichen Räumden
und Blößenflächen aufgeforstet wurden, bis auf meist unbedeutende Hiebs=
reste schon wieder abgetrieben, z. B. die umfänglichen Aufforstungsbestände
der Reviere Plaue, Hundshübel und Langebrück. Die drei behandelten
Reviere waren die einzigen, auf denen ich noch größere zusammenhängende
Altholzbestände der 1. Aufforstungsgeneration feststellen konnte. Auch sie
werden in kürzester Zeit der Axt verfallen.

Literaturverzeichnis.

1. Achromeiko: Zeitschr. f. Pflanzenernährung, Düngung und Bodenkunde 1928,
2./3. Heft.

2. Albert: Bodenuntersuchungen im Gebiet der Lüneburger Heide. Zeitschr. f.
Forst= u. Jagdw. 1912 u. 1913.

3. Augst: Die Fichte im Elbsandsteingebirge. Thar. Forstl. Jahrb. 1914.

4. Beck: Waldbau. Lorey'sches Handb. d. Forstw. 4. Aufl.

5. Bericht über die 16. Versammlung deutscher Forstmänner zu Aachen vom 4. bis
8. IX. 1887. Zeitschr. f. Forst= und Jagdw. 1887.

6. Bernbeck: Anbauversuche auf verheideten Waldböden. Forstw. Centralbl. 1918.

7. Bernhard: Eine andere Antwort auf die Frage: Zwingen Bedenken gegen
die Fi=Kahlschlagwirtschaft in Sachsen zu einem Fruchtwechsel? Thar. Forstl.
Jahrb. 1914.

8. Borgmann: Waldbauliche Bestrebungen des Heidekulturvereins in Schleswig=
Holstein. Zeitsch. f. Forst= u. Jagdw. 1904.

9. v. d. Borne: Die Ödlandankäufe und Aufforstungen der Preußischen Staats=
forstverwaltung mit besonderer Berücksichtigung der westpreußischen Kassubei.
Zeitschr. f. Forst= u. Jagdw. 1892.

10. Burger: Physikalische Eigenschaften von Wald= und Freilandböden. Mitt. d.
Schweiz. Centralanst. f. Forstl. Versuchsw. Bd. XIII 1 u. XIV 2.

11. Busse: Der Fehler im Möller'schen Dauerwaldexempel. Silva 1921.

12. Deike: Zwingen Bedenken gegen die Ki=Kahlschlagwirtschaft in Sachsen zu einem
Fruchtwechsel? Thar. Forstl. Jahrb. 1913.

13. Dengler: Die Stetigkeit des Waldwesens. Silva 1928.

14. Emeis: Zur Waldkultur auf dem Ödland in Schleswig=Holstein. Allg. Forst=
u. Jagdztg. 1909.

15. Erdmann: Die Heideaufforstung. 1904.

16. Gayer: Der Kahlschlagbetrieb und die heutige Bestockung unserer Waldungen. Forstw. Centralbl. 1879.

17. Gleditsch: Physikalisch-ökonomische Betrachtung über den Heideboden in der Mark Brandenburg. 1782.

18. Gräbner: Handbuch der Heidekultur. 1904.

19. Grebe: Aufforstung von Ödländereien usw. Zeitschr. f. Forst- u. Jagdw. 1896.

20. Hartig, G.L.: Anleitung zur wohlfeilen Kultur der Waldblößen. 1826.

21. v. Holleben: Die Aufforstung veröbeter Muschelkalkberge. 1861.

22. Holl: Die Karstaufforstung. 1901.

23. Hesselman: Über den Sauerstoffgehalt des Bodenwassers und dessen Einwirkung auf die Versumpfung des Bodens und das Wachstum des Waldes. Mitt. d. Schwed. Forstl. Versuchsanst. 1910, Heft 7.

24. Jentsch, J.: Fruchtwechsel in der Forstwirtschaft. 1911.

25. Knauth: Die Aufforstung der Laubholzkrüppelbestände im Spessart. 1889.

26. Köhler: Über Aufforstung von Heideflächen. Allg. Forst- u. Jagdztg. 1884.

27. Lang: Forstliche Standortslehre. Loreysches Handb. d. Forstw. 4. Aufl.

28. Leuthold: Kahlschlag oder Vorverjüngung bei Nachzucht der Kiefer. Thar. Forstl. Jahrb. 1923.

29. Martin: Die Folgerungen der Bodenreinertragstheorie. III. Bd. 1896.

30. Meinecke: Aufforstung. 1927.

31. Möller: Der Dauerwaldgedanke. 1922.

32. Moosmeyer: Die Aufforstung der Steilhänge der Schwäbischen Alb. 1885.

33. Münch: Weitere Untersuchungen über Früh- und Spätfichten. Zeitschr. f. Forst- u. Jagdw. 1928.

34. Quaet-Faslem: Aufforstungsbestrebungen der Hannoverschen Provinzialforstverwaltung. Zeitschr. f. Forst- u. Jagdw. 1896.

35. Ramann: Forstliche Bodenkunde und Standortslehre. 1893.

36. derselbe: Einfluß verschiedener Bodendecken auf die physikalischen Eigenschaften der Böden. Zeitschr. f. Forst- u. Jagdw. 1898.

37. Rubner: Die pflanzengeographischen Grundlagen des Waldbaues. II. Aufl. 1925.

38. derselbe: Die waldbaulichen Folgerungen des Urwaldes. Allg. Forst- u. Jagdztg. 1924.

39. Salfeld: Die Kultur der Heidflächen Nordwestdeutschlands. 1882.

40. Schenck: Der Waldbau des Urwaldes. Allg. Forst- u. Jagdztg. 1924.

41. Vater: Forstliche Standortslehre. 1925. (Nur für die Hörer des Vaterschen Kollegs als Druckbogen erschienen).

42. Vater-Sachße: Forstliche Düngungsversuche. 1927.

43. Wiedemann: Fichtenwachstum und Humuszustand. 1924.

44. derselbe: Die praktischen Erfolge des Kieferndauerwaldes. 1925.

45. Wittich: Einfluß von Bodenbearbeitung auf Hohenlübbichower und Biesenthaler Sandböden. 1927.

46. Zimmermann: Untersuchungen über das Absterben des Nadelholzes in der Lüneburger Heide. Zeitschr. f. Forst- u. Jagdw. 1908.

47. Krauß, G.: Referat „Die sogen. Bodenerkrankungen". Vers. d. D. Forstvereins 1928 in Dresden.

48. Sieber: Der Dauerwald. 1928.

Lebenslauf.

Am 3. August 1905 wurde ich, Karl Julius Johannes Weck als Sohn des Amtsgerichtsbeamten Conrad Richard Weck und seiner Ehefrau Else Margarete geb. Kießling zu Lunzenau in der Amtshauptmannschaft Rochlitz geboren. Von Ostern 1912 bis Ostern 1916 besuchte ich die Volksschule in Nossen und ab Ostern 1916 das Realgymnasium in Meißen, das ich Ostern 1925 mit dem Zeugnis der Reife verließ.

Sofort nach dem Maturus wurde ich von der Sächsischen Landesforstdirektion als Anwärter für den höheren Staatsforstdienst angenommen. Im S. S. 1925 und W. S. 1925/26 folgte Studium an der Universität Leipzig. Seit S. S. 1926 bin ich ununterbrochen an der Forstlichen Hochschule Tharandt immatrikuliert gewesen, an der ich im Mai 1927 die Diplomvorprüfung mit Erfolg ablegte.

Tharandt, am 27. Juli 1928.

Johannes Weck.